1+X职业技能等级证书（建筑工程施工工艺实施与管理）配套教材

建筑工程施工工艺实施与管理实践（中级）

主　编	任少强	邓　林	张　巍	
副主编	谢江胜	张永鸿	黄　敏	
	吴俊峰	杨小春	陈映海	
参　编	李小军	任双宏	令　剑	姚宇峰　苟胜荣
	葛春雷	黄　柯	高建华	罗　琼　秦　莉
	厉彦菊	王秀丽	王　帅	王　鑫

机械工业出版社

本书是 1 + X 职业技能等级证书（建筑工程施工工艺实施与管理）配套教材。本书内容立足于土建类专业学生和行业人员实际需求，以培养"创新型、复合型、综合型"人才需求为导向，以"立足实用，突出特色"为宗旨编写，职业定位匹配建设生产、施工技术、监理、建设管理等岗位。

本书共 7 个学习情境、35 个典型任务，每一个任务均充分提炼行业职业能力点，学习内容和企业生产实践紧密结合，主要针对建筑工程施工工艺实施与管理职业技能等级证书考生及相关行业人员培训所需，工作任务力求以点盖面，内容力求通俗易懂、深入浅出、操作性强。

为便于学习，与本书配套使用的图纸、文本等资源，可扫描右侧二维码下载。

图书在版编目（CIP）数据

建筑工程施工工艺实施与管理实践：中级/任少强，邓林，张巍主编 . —北京：机械工业出版社，2022.6（2024.8 重印）
　1 + X 职业技能等级证书（建筑工程施工工艺实施与管理）配套教材
　ISBN 978-7-111-70972-5

　Ⅰ.①建…　Ⅱ.①任…②邓…③张…　Ⅲ.①建筑工程 – 工程施工 – 职业技能 – 鉴定 – 教材　Ⅳ.①TU74

中国版本图书馆 CIP 数据核字（2022）第 099121 号

机械工业出版社（北京市百万庄大街 22 号　邮政编码 100037）
策划编辑：常金锋　　　　责任编辑：常金锋　陈紫青　覃密道
责任校对：陈　越　王明欣　责任印制：刘　媛
涿州市般润文化传播有限公司印刷
2024 年 8 月第 1 版第 2 次印刷
184mm×260mm · 15.25 印张 · 378 千字
标准书号：ISBN 978-7-111-70972-5
定价：58.00 元

电话服务　　　　　　　　　网络服务
客服电话：010 – 88361066　机　工　官　网：www.cmpbook.com
　　　　　010 – 88379833　机　工　官　博：weibo.com/cmp1952
　　　　　010 – 68326294　金　书　网：www.golden – book.com
封底无防伪标均为盗版　机工教育服务网：www.cmpedu.com

1+X职业技能等级证书
（建筑工程施工工艺实施与管理）配套教材
联合建设单位（排名不分先后）

中铁二十局集团有限公司
中铁二十局集团第六工程有限公司
中铁四局集团第四工程有限公司
中铁隧道局集团有限公司
陕西土木建筑学会
西安建筑科技大学
中天西北建设投资集团有限公司
陕西煤业化工建设（集团）有限公司
四川建筑职业技术学院
陕西建工集团有限公司
河北工程大学
西南林业大学
大连民族大学
安阳师范学院
西北农林科技大学
贵州建设职业技术学院
江苏建筑职业技术学院
湖北城市建设职业技术学院
吉林省城市建设学校
山西徐特立高级职业中学
绍兴市中等专业学校

中铁建安工程设计院有限公司
中铁一局集团有限公司
中铁十七局集团有限公司
中铁二十一局集团有限公司
西安三好软件技术股份有限公司
长安大学
杨凌职业技术学院
广西建设职业技术学院
日照职业技术学院
陕西铁路工程职业技术学院
河北科技工程职业技术大学
沈阳建筑大学
中原工学院
宁夏大学
西安职业技术学院
浙江建设职业技术学院
宜宾职业技术学院
成都市建筑职业中专校
玉林市第一职业中等专业学校
广州市城市建设职业学校
石家庄城市建设学校

中铁二十局集团有限公司 1+X 项目办公室

2022 年 6 月

序

2019 年 2 月，国务院印发《国家职业教育改革实施方案》（以下简称《方案》）。这是对 2018 年全国教育大会精神的落实性文件，也是新时代职业教育深化改革和创新的集结令，具有重要的里程碑意义。依据方案，2019 年 4 月，教育部、国家发展改革委、财政部、市场监管总局联合印发了《关于在院校实施"学历证书＋若干职业技能等级证书"制度试点方案》，部署启动"学历证书＋若干职业技能等级证书"（简称 1＋X 证书）制度试点工作。1＋X 证书制度是国家职业教育制度设计的重大创新，是我国职业教育面向新时代、实现创新发展的重要举措，也是推动人才培养模式改革的重要制度设计。

2022 年 4 月 20 日通过修订的《中华人民共和国职业教育法》，2022 年 5 月 1 日起施行。新修订的职业教育法以习近平新时代中国特色社会主义思想为指导，贯彻落实党的十九大精神，积极进行制度创新，紧紧围绕职业教育是类型教育的定位，统筹设计法律制度体系；紧紧围绕职业教育领域热点难点问题，增强制度针对性；紧紧围绕职业教育改革发展实践，及时将实践成果转化为法律规范。

中铁二十局集团有限公司作为教育部第四批职业教育培训评价组织之一，以大型央企责任使命担当，履行社会责任义务，积极适应职业教育迅速发展的需要，服务建筑业发展，以 1＋X 建筑工程施工工艺实施与管理职业技能等级证书专业内涵为依据，通过机械工业出版社高标准、严要求出版 1＋X 建筑工程施工工艺实施与管理职业技能等级证书配套系列新型活页式教材，形成 4＋N 体系、专业覆盖广、多层次齐全、教学实训配套资源丰富的教材产品体系，服务于广大职业院校师生，为建设行业高素质人才培养做出贡献。

为进一步推动全国建设类院校信息化教学实践的发展，大力推进 1＋X 证书制度的实施，特别成立了由全国多所土建类重点院校组成的教材编委会，选聘了一批长期从事职业教育的"双师型"优秀教师，同时以中铁二十局集团土建施工专家为基础，并邀请来自全国多家大型施工企业实践经验丰富的专家、高校教学专家及教育科技企业专家，启动了建筑工程施工工艺实施与管理系列教材的编写工作。本系列教材把理论教学和实践教学两个体系相互结合，是专业建设成果的总结和升华，在内容和形式上均体现了示范性、创新性和适用性；同时配套了丰富的教学实训资源，采用中铁二十局集团实际项目案例，可以为教学及实训提供全面的服务。

此系列教材的出版是为促进我国职业教育内涵建设，进一步提升人才培养质量，促进土建类专业发展和课程建设所做的一次开拓性尝试。相信本系列教材将为职业教育土建类专业建设和课程教学的改革发展起到积极的推动作用。

编审委员会

2022 年 6 月

导　言

本套丛书为 1 + X 职业技能等级证书（建筑工程施工工艺实施与管理）的配套教材，包括导论和实践的初级、中级、高级，适用院校及专业如下：

◆ 中等职业学校：建筑工程施工、建筑装饰技术、装配式建筑施工、古建筑修缮、城镇建设、建筑工程造价、市政工程施工、道路与桥梁工程施工、工程测量技术、建筑工程检测、建设项目材料管理、铁道桥梁隧道施工与维护等专业。

◆ 高等职业学校：建筑工程技术、建筑钢结构工程技术、建筑设备工程技术、建筑智能化工程技术、装配式建筑构件智能制造技术、装配式建筑工程技术、建设工程管理、工程造价、建筑经济信息化管理、建设工程监理、建筑材料工程技术、建筑材料检测技术、建筑装饰材料技术、新型建筑材料技术、建筑设计、建筑装饰工程技术、古建工程技术、建筑动画技术、地下与隧道工程技术、土木工程检测技术、市政工程技术、水利工程、水利水电工程技术、水利水电工程智能管理、水利水电建筑工程、铁道桥梁隧道工程技术、铁道工程技术、道路与桥梁工程技术等专业。

◆ 高等职业本科专业：建筑工程、智能建造工程、城市地下工程、建筑智能检测与修复、工程造价、建设工程管理、水利水电工程、农业水利工程、高速铁路工程、道路与桥梁工程等专业。

◆ 应用型本科学校：土木工程、工程管理、工程造价、建筑学、智慧建筑与建造、城市地下空间工程、道路桥梁与渡河工程、铁道工程、智能建造、测绘工程、历史建筑保护工程、房地产开发与管理、水利水电工程、港口航道与海岸工程、土木水利与海洋工程、土木水利与交通工程等专业。

一、关于对应课程的说明

1. 课程性质描述

与 1 + X 职业技能等级证书（建筑工程施工工艺实施与管理）相对应的课程是一门综合性较强的专业学习领域课程，其主要介绍职业岗位培训、鉴定、考试的核心内容，课程立足于土建类学生和行业人员的实际需求，以培养"创新型、复合型、综合型"人才需求为导向，以"立足实用、突出特色"为宗旨。其职业定位匹配建设生产、施工技术、监理、建设管理等岗位，是基于工作过程开发的理论学习领域课程。

2. 课程学习目标

（1）能力目标

1）能够正确识读建筑施工图、结构施工图。

2）能够进行施工图绘制与模型创建，具备施工图审核及优化设计能力。

3）能够依据设计图纸，根据给定的施工任务进行施工前条件准备，做好施工现场的平面管理。

4）能够根据指定的施工方案组织施工过程，具备建筑工程施工管理能力。

5）能够根据给定的施工图进行建筑主要分部分项工程的定位放样测量，并监督施工工艺流程符合工艺标准。

6）能按照指定的施工任务编制建筑主要分部分项工程的施工技术交底，控制工程施工进度计划并进行质量检查，达到质量验收规范要求。

7）能根据给定的施工任务对建筑主要分部分项工程进行质量创优施工指导，编制工程施工方案，组织相关责任单位进行工程项目验收工作并对施工组织方案进行审核评定。

（2）知识目标

1）熟悉建筑构造原理，掌握专业基础识图、BIM课程知识，学会图纸识读，并能结合专业拓展知识应用工程图集、平法图集识读图纸。

2）掌握专业基础识图课程知识，学会CAD制图技能，可进行创优、协同、设计工作。

3）熟悉建筑工程施工组织过程，了解BIM信息化管理，掌握建筑工程施工信息资料管理方法，可对项目建设中的成本、进度、质量、安全、环境等项目进行综合组织、管理、应用。

4）熟悉《建筑施工手册》，掌握建筑主要分部分项工程的工艺流程并在项目实施中应用、指导和监督。

5）掌握建筑主要分部分项工程有关施工技术交底、施工进度、施工方案的编制方法。

6）熟悉建筑主要分部分项工程施工方案的审核评定标准，掌握施工验收程序，可对项目建设中的施工工艺进行综合管理、技术创新、质量验收、评审评价等。

（3）素质目标

1）培养较好的职业道德、社会公德。

2）培养现代的文化模式——主体意识、超越意识、契约意识。

3）培养较强的学习能力、动手能力、合作能力、创业能力。

4）养成科学的工作模式，工作有思想性、建设性、整体性。

二、关于本套丛书的内容设置

1. 典型工作任务描述

每一个工作任务均充分提炼了行业职业能力点，课程学习内容和企业生产实践紧密结合，主要针对建筑工程施工工艺实施与管理职业技能等级证书考试人员及相关行业人员，工作任务力求达到以点盖面，人才培养针对性强，内容力求通俗易懂、深入浅出、操作性强。本书在培养专业能力的同时，还注重培养方法能力、社会能力、创新能力、职业精神和职业素养，特别是培养行业人员自主分析问题、解决问题的能力以及团队协作的能力，不断提升行业人员的职业素养和综合就业能力。

2. 学习情境设计

序号	学习任务	载体	学习任务简介
1	施工图识读与制图	某建筑工程施工图	依据施工图及工程资料，对建筑施工图、结构施工图进行识读绘制；进行施工图绘制与模型创建；进行施工图审核及优化设计
2	工程施工组织与管理	某工程施工组织与管理	依据建筑工程施工组织过程，利用BIM信息化管理，进行项目建设中成本、进度、质量、安全、环境的综合组织、管理、应用

（续）

序号	学习任务	载体	学习任务简介
3	地基与基础施工	某地基与基础工程	利用地基与基础工程项目进行定位放样测量，做好施工机械、人力的准备；进行施工技术交底，编制施工进度计划，进行质量检查；进行地基与基础工程质量验收、质量评审
4	砌体工程施工	某砌体工程	利用砌体工程项目进行放样测量，做好施工机械、人力的准备；进行施工技术交底，编制施工进度计划，进行质量检查；进行砌体工程质量验收、质量评审
5	钢筋混凝土工程施工	某钢筋混凝土工程	利用钢筋混凝土工程项目进行放样测量，做好施工机械、人力的准备；进行施工技术交底，编制施工进度计划，进行质量检查；进行钢筋混凝土工程质量验收、质量评审
6	装配式混凝土结构工程施工	某装配式混凝土结构工程	利用装配式建筑工程项目进行放样测量，做好施工机械、人力的准备；进行施工技术交底，编制施工进度计划，进行质量检查；进行装配式混凝土结构工程质量验收、质量评审
7	钢结构工程施工	某钢结构工程	利用钢结构工程项目进行放样测量，做好施工机械、人力的准备；进行施工技术交底，编制施工进度计划，进行质量检查；进行钢结构工程质量验收、质量评审
8	屋面及防水工程施工	某屋面及防水工程	利用屋面及防水工程项目进行放样测量，做好施工机械、人力的准备；进行施工技术交底，编制施工进度计划，进行质量检查；进行屋面及防水工程质量验收、质量评审
9	装饰装修工程施工	某装饰装修工程	利用装饰装修工程项目进行放样测量，做好施工机械、人力的准备；进行施工技术交底，编制施工进度计划，进行质量检查；进行装饰装修工程质量验收、质量评审

3. 学习组织形式与方法

序号	学习任务	教学组织形式	教学学时	教学方法
1	施工图识读与制图	小组教学、机房教学	6课时	信息化教学法、讨论法、启发引导法、总结归纳法
2	工程施工组织与管理	小组教学、现场教学、线上教学	6课时	项目教学法、案例教学法、启发引导法、信息化教学法
3	地基与基础施工	小组教学、现场教学、线上教学	6课时	项目教学法、案例教学法、信息化教学法
4	砌体工程施工	小组教学、现场教学、线上教学	8课时	项目教学法、案例教学法、信息化教学法
5	钢筋混凝土工程施工	小组教学、现场教学、线上教学	6课时	项目教学法、案例教学法、信息化教学法
6	装配式混凝土结构工程施工	小组教学、现场教学、线上教学	6课时	项目教学法、案例教学法、信息化教学法
7	钢结构工程施工	小组教学、现场教学、线上教学	6课时	项目教学法、案例教学法、信息化教学法
8	屋面及防水工程施工	小组教学、现场教学、线上教学	6课时	项目教学法、案例教学法、信息化教学法
9	装饰装修工程施工	小组教学、现场教学、线上教学	6课时	项目教学法、案例教学法、信息化教学法

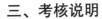

三、考核说明

本课程知识结合各个项目对应的现行规范标准，能力与技能标准满足"1＋X"证书上岗要求，考核方式注重学生职业能力考核，分初级、中级、高级三个级别进行线上平台测试。

1. 初级考核内容

（1）初级专业技能理论考核

序号	考核模块	考核内容	分值分配	考核方式
1	施工图识读与制图	建筑物主要构造、建筑施工图专业知识内容、结构施工图专业知识内容	10	机考
2	工程施工组织与管理	考核建筑施工人工、机械、材料、工艺方法等专业基础知识	20	
3	建筑工程施工工艺	地基与基础、砌体工程、钢筋混凝土工程、装配式混凝土结构工程、钢结构工程、屋面及防水工程、装饰装修工程等的施工工艺流程、机械、材料专业知识	70	

（2）初级技能操作能力考核

序号	考核模块	考核内容	分值分配	考核方式
1	地基与基础施工	根据给定施工工程项目，完成该项目的人材机选择，按照标准工艺流程进行技能模拟操作考核	15	机考
2	砌体工程施工	根据给定砌体工程施工项目，完成该项目的人材机选择，按照标准工艺流程进行技能模拟操作考核	10	
3	钢筋混凝土工程施工	根据给定钢筋混凝土工程施工项目，完成该项目的人材机选择，按照标准工艺流程进行技能模拟操作考核	20	
4	装配式混凝土结构工程施工	根据给定装配式混凝土结构工程施工项目，完成该项目的人材机选择，按照标准工艺流程进行技能模拟操作考核	20	
5	钢结构工程施工	根据给定钢结构工程施工项目，完成该项目的人材机选择，按照标准工艺流程进行技能模拟操作考核	10	
6	屋面及防水工程施工	根据给定屋面及防水工程施工项目，完成该项目的人材机选择，按照标准工艺流程进行技能模拟操作考核	10	
7	装饰装修工程施工	根据给定装饰装修工程施工项目，完成该项目的人材机选择，按照标准工艺流程进行技能模拟操作考核	15	

2. 中级考核内容

（1）中级专业技能理论考核

序号	考核模块	考核内容	分值分配	考核方式
1	施工图识读与制图	建筑物主要构造、建筑施工图制图专业知识内容、结构施工图制图专业知识内容，以及图集应用	10	机考
2	工程施工组织与管理	考核建筑施工人工、机械、材料、工艺方法等专业知识	20	
3	建筑工程施工工艺	地基与基础、砌体工程、钢筋混凝土工程、装配式混凝土结构工程、钢结构工程、屋面及防水工程、装饰装修工程等分项工程施工中有关测量、工艺、流程、质量要求、施工要点等知识	70	

（2）中级技能操作能力考核

序号	考核模块	考核项目	考核内容	分值分配	考核方式
1	建筑工程施工工艺实施	地基与基础工程、砌体工程、钢筋混凝土工程、装配式混凝土结构工程、钢结构工程、屋面及防水工程、装饰装修工程工艺实施技能操作考核	根据给定施工工艺项目，完成该项目的人材机选择，按照标准工艺流程进行技能模拟操作考核	40	机考
2	建筑工程施工工艺组织管理	地基与基础工程、砌体工程、钢筋混凝土工程、装配式混凝土结构工程、钢结构工程、屋面及防水工程、装饰装修工程施工组织管理技能操作考核	根据给定施工工艺案例项目信息，完成该项目的工艺交底、施工方案、质量验收内容填写等施工组织管理技能应用案例考核	60	

3. 高级考核内容
（1）高级专业技能理论考核

序号	考核模块	考核内容	分值分配	考核方式
1	施工图识读与制图	建筑物主要构造、建筑设计图、结构设计图等设计、优化设计、施工图审查、BIM技术应用等专业基础知识及应用	10	机考
2	工程施工组织与管理	项目管理、法律法规、施工组织设计、工艺创新等专业知识及应用	20	
3	建筑工程施工工艺	建筑工程规范标准、项目创优、项目竣工、项目评估、工艺工法创新、项目策划、采购、生产与施工管理等专业知识应用	70	

（2）高级技能操作能力考核

序号	考核模块	考核项目	考核内容	分值分配	考核方式
1	建筑工程施工工艺实施	地基与基础工程、砌体工程、钢筋混凝土工程、装配式混凝土结构工程、钢结构工程、屋面及防水工程、装饰装修工程工艺实施技能操作考核	根据给定施工工艺项目，完成该项目的人材机选择，按照标准工艺流程进行技能模拟操作考核	30	机考
2	建筑工程施工工艺组织管理	地基与基础工程、砌体工程、钢筋混凝土工程、装配式混凝土结构工程、钢结构工程、屋面及防水工程、装饰装修工程施工组织管理技能操作考核	根据给定项目信息，完成该项目的施工组织设计、工程质量竣工验收报告、工艺工法创优方案、施工组织管理等应用案例考核	70	

　　本套丛书包括建筑工程施工工艺实施与管理导论和建筑工程施工工艺实施与管理实践（初级、中级、高级），导论和实践（初级、中级、高级）配套使用。

　　建筑工程施工工艺实施与管理实践（初级、中级、高级）分别对应建筑工程施工工艺实施与管理职业技能等级的初级、中级、高级。

目　录

学习情境一　地基与基础工程

案例导入

1）某房地产项目，由 10 栋独栋别墅、12 栋高层住宅楼及场区道路组成。

2）拟建场地可能涉及土方开挖的土层自上而下依次为：素填土；粉土、粉质黏土；淤泥、淤泥质土；粉土、粉质黏土；残积粉土、残积粉质黏土；全风化泥岩、泥质砂岩、砂质泥岩、粉砂质泥岩、砂岩，局部为炭质泥岩及含砾砂岩；强风化泥岩、泥质砂岩、砂质泥岩、粉砂质泥岩、砂岩，局部为炭质泥岩及含砾砂岩；中风化砂岩，局部为泥岩；微风化灰岩。

3）本工程采用反铲挖掘机进行土方开挖、人工配合清土，边坡防护采用自然放坡的形式，放坡系数根据场地土质条件考虑 1:1 或 1:0.5。开挖内容主要包括：建筑物地下室部分基础的土方开挖；建筑物车库一侧与路边之间的土方开挖；建筑物基础、承台的开挖。

4）基础采用天然地基筏形基础，局部采用钻孔灌注桩基础。

5）钻孔灌注桩基础，地基基础设计等级为乙级，桩基设计等级为丙级，基础持力层为中风化千枚岩。

6）本工程 A 区钻孔灌注桩共 120 根，桩径分别为 $\phi1100mm$、$\phi1200mm$ 两种，其中 $\phi1100mm$ 桩基 58 根，$\phi1200mm$ 桩基 62 根，共计 1760m。设计桩顶标高 $-3.5m$，现场自然地坪标高为 $-0.95m$。

采用施工桩基础→桩顶土方开挖→现浇混凝土桩基承台的施工顺序，桩基础采用回旋反循环钻机与旋挖钻机相结合的分区、分片作业的机械成孔方式，桩基钢筋笼采用集中加工分节制作，现场吊装拼接，桩基 C35 混凝土采用导管法灌注水下混凝土。

基础工程计划开工时间为 2015 年 12 月 1 日，计划完工时间为 2016 年 5 月 21 日，共计 173 天。

7）本工程 B 区采用钻孔灌注桩 110 根，桩径分别为 $\phi800mm$、$\phi600mm$ 两种，其中 $\phi800mm$ 桩基 72 根，$\phi600mm$ 桩基 38 根，共计 1820m，桩基施工采用以泥浆护壁回旋反循环钻机为主，旋挖钻机相结合的成孔方式。桩基钢筋笼采用钢筋场集中加工制作、现场拼接，采用静态泥浆（按配比加入适量膨润土、纯碱和 CMC 改善泥浆性能）护壁，桩基 C35 混凝土采用导管法灌注水下混凝土。

典型任务 1　地基与基础工程施工技术交底

知识点：
1. 基础类型和构造。
2. 地基隐蔽验收记录。
3. 地基与基础工程施工技术交底。

能力（技能）点：
1. 能按照指定施工任务编制地基隐蔽验收记录。
2. 能按照指定施工任务编制地基与基础施工技术交底记录表。

实践目的

1）以实际应用为主，培养实际操作能力，提高动手能力。

2）通过案例分析，获得生产技能和施工方面的实际知识，理解并系统掌握地基的类型和构造、隐蔽验收的项目，并完成地基与基础工程施工技术交底。

实践分解任务

1）根据施工任务确定隐蔽验收的项目与方法。

2）根据地基与基础工程质量验收方法及验收规范，编制地基隐蔽验收记录。

3）根据基础的施工方法合理安排施工流程，根据建筑工程质量验收方法及验收规范确定质量检验标准。

4）编制地基与基础施工技术交底记录表。

实践分组

以小组为单位（6～8人为一组），编制土方工程的验收记录，并完成钻孔灌注桩基础施工技术交底记录表。

实践场地

实训室。

实践实施过程

一、根据案例提出工作计划和方案

引导问题 1：基础类型和构造要求是什么？

运用知识：基础类型和构造要求见表 1-1。

表 1-1　基础类型和构造要求

基础类型	简图	构造要求	材料	工艺流程
砖基础	a) 两皮一收 b) 二一间隔收	为保证大放脚的刚度，常采用两皮一收、二一间隔收（一皮即一层，标注尺寸为 60mm，基底必须两皮一收）。在槽底可先浇筑 100～200mm 厚的素混凝土垫层。对于底层房屋也可在槽底打两层（300mm）三七灰土，代替混凝土垫层。在室内地面以下 60mm 左右处铺设防潮层	砖、砂浆	砖浇水→基层找平→定组砌方法→拍砖擦底→砂浆搅拌→砌筑→试验→抹防潮层
毛石基础	毛石混凝土或混凝土		石料（体积 20%～30% 的毛石）、砂浆	定砌筑方法→砂浆拌制→毛石砌筑
混凝土基础	a) 一层台阶 b) 二层台阶 c) 梯形断面	毛石尺寸不得大于 300mm，使用前应冲洗干净。素混凝土基础可以做成台阶形或梯形断面。做成台阶形时，总高度在 350mm 以内，做成一层台阶；总高度为 350mm < h ≤ 900mm 时，做成二层台阶；总高度大于 900mm 时，做成三层台阶。每个台阶的高度不宜大于 500mm	混凝土	清理基槽→基础放线→支设基础模板→混凝土搅拌或商品混凝土就位→混凝土浇筑→混凝土振捣→混凝土养护→拆除模板

（续）

基础类型	简图	构造要求	材料	工艺流程
灰土基础		石灰以块状生石灰为宜，经熟化1~2d后，用1~5mm筛子筛后使用。土料应以有机质含量不大的黏性土为宜，使用前也要过10~20mm的筛子。石灰和土体积比为3:7或2:8，一般用3:7，即3分石灰7分黏性土，通常称"三七灰土"。在灰土里加入适量水拌匀，然后铺入基槽内，每层虚铺220~250mm，夯至150mm一步，一般可铺面2~3步，台阶宽高比为1:1.5。由于基槽角处灰土不容易夯实，因此用灰土基础时，实际的施工宽度应该比计算宽度每边各放出50mm以上	石灰、黏性土	基槽清理→基础放线→底部夯实→灰土拌合→控制虚铺厚度→机械夯实→质量检查→逐层完成
钢筋混凝土基础 · 独立基础	a) 阶梯形基础 b) 锥形基础 c) 杯形基础	（1）基础底板厚度 锥形基础的边缘厚度一般不小于150mm，也不宜大于500mm；阶梯形基础的每阶高度宜为300~500mm （2）垫层设置 通常在底板下浇筑一层素混凝土垫层，强度等级为C10或C15，垫层伸出基础底板长度不小于50mm，厚度一般为100mm （3）底板钢筋 ①底板受力钢筋：受力钢筋直径不应小于8mm，间距不大于200mm，且不宜小于100mm。当基础底边边长$b \geqslant 3m$（柱基）或$b \geqslant 1.6m$（条基）时，钢筋长度可缩短10%，并应均匀交叉放置。底板钢筋的保护层，当设垫层时不宜小于40mm，无垫层时不宜小于70mm ②底板分布钢筋：直径不应小于8mm，间距不大于300mm，每延长米分布钢筋的总面积不应小于底板受力钢筋面积的1/10	钢筋混凝土	清理基槽→浇筑混凝土垫层→基础放线→绑扎钢筋→相关专业施工（预埋电缆、管线、埋件等）→支设基础模板→清理工作面→混凝土搅拌或商品混凝土就位→混凝土浇筑→混凝土振捣→混凝土找平→混凝土养护→拆除模板→基础细部处理→投测标高及定位轴线
钢筋混凝土基础 · 条形基础	a) 无肋式 b) 有肋式	（4）柱纵筋或基础插筋 ①柱纵筋：钢筋混凝土柱纵筋在基础内的锚固长度，应根据《混凝土结构设计标准》（GB 50010—2010）的相关规定确定 ②基础插筋：若现浇柱基础与柱不能同时浇筑，则在基础内要预留插筋，插筋的规格与数量要与柱内钢筋完全相同。插筋的插入深度要满足上述规定。插筋下端应做成直钩，并与基础底板钢筋绑扎 （5）混凝土强度等级不宜低于C20	钢筋混凝土	清理基槽→浇筑混凝土垫层→基础放线→确定砌筑方式→摆砖摆底→立皮数杆→双面挂线→逐级砌筑→设置防潮层→浇筑混凝土地梁→投测定位轴线及标高

（续）

基础类型		简图	构造要求	材料	工艺流程
钢筋混凝土基础	筏形基础		筏形基础的底面几何中心应尽量和上部结构荷载的重力中心相对应或接近。如果荷载不对称，宜调整筏板的外伸长度，但伸出长度从轴线算起横向不宜大于1500mm，纵向不宜大于1000mm；同时，宜将肋梁挑至筏板边缘。无外伸肋梁的筏板，其伸出长度宜适当减小 梁板式筏形基础的底板厚度不应小于300mm，并且板厚与板格的最小跨度之比不宜小于1/20。平板式筏形基础筏板厚度不宜小于400mm。对高层建筑的筏形基础，可采用厚筏板，厚度可取1～3m 底板钢筋除应满足计算要求外，纵横两方向的支座处（指柱、肋梁和墙下的板底钢筋）尚应有1/3～1/2的钢筋通长配置。对墙下筏板或无外伸肋梁的阳角外伸板角底面，应配置5～7根辐射状的附加钢筋，该附加钢筋的直径与板边缘的主筋相等。当挑出尺寸较大时，尚可考虑切除板角，以改善受力状况。为满足整体弯曲的要求，除按规定梁板的主筋应有一定数量通长配置外，其纵向端部第一、二开间的跨中和支座的受力钢筋，宜按计算要求的钢筋面积增加10%～20% 墙、柱的边缘至基础梁边缘的距离，不应小于规范规定数值 混凝土强度等级一般不低于C20，对于地下水位以下的地下室筏板基础，尚应考虑混凝土的防渗等级	钢筋混凝土	清理基槽→浇筑混凝土垫层→支设筏形基础模板（砌筑筏形基础砖胎模：基础梁、基础底板胎模）→基础放线→绑扎钢筋（底板钢筋、基础梁钢筋、柱插筋）→相关专业配套施工（预埋电缆、管线、埋件等）→清理施工工作面→混凝土搅拌或商品混凝土就位→分段浇筑混凝土（留后浇带）→混凝土振捣→混凝土找平→混凝土养护→拆除模板→基础后浇带施工及细部处理→投测定位轴线及标高
桩基础	灌注桩	 1—持力层　2—桩　3—桩基承台 4—上部建筑物　5—软弱土层	桩型过于复杂，不详述，可参考《建筑桩基技术规范》（JGJ 94—2008）等	钢筋混凝土	测放桩位→钻机就位→启动旋挖（干、湿作业）→泥浆护壁→提钻卸土→清孔→成孔检测→钢筋笼吊放→混凝土浇筑→混凝土养护→成桩检测
	预制桩				打（压、沉）桩工艺流程：场地整平→桩基定位放线→桩机就位→第一节桩起吊就位（稳桩）→打设第一节桩（打桩）→第二节桩起吊就位→接桩→打设第二节桩（打桩）→送桩至持力层或设计标高→移机至下一桩位

引导问题2：本案例的隐蔽工程项目有哪些?

运用知识：

1）隐蔽工程是被后续施工所覆盖的分部分项工程，即施工完成后很难看见的工程。

2）本案例中的隐蔽工程包括：土方工程、桩基工程。

引导问题3：本案例中的隐蔽工程项目检查内容有哪些?

运用知识：

1. 土方工程

检查坑底标高、平面尺寸、坡度、表面平整度、基底土性等内容。

2. 筏形基础工程

检查混凝土强度、轴线位置、基础顶面标高、平整度、几何尺寸、预埋件中心位置、预留洞中心线位置等。

3. 桩基工程

根据桩的类型及施工工艺检查桩身完整性、承载力、桩长、桩径、混凝土强度、嵌岩深度、桩位、桩顶标高、垂直度、钢筋笼质量等内容。合格标准见《建筑地基基础工程施工质量验收标准》（GB 50202—2018）。

引导问题4：土方开挖隐蔽工程验收记录需要注意什么问题？

运用知识：

1）记录表中要明确填写工程名称、施工单位、分项工程名称、隐蔽工程部位、设计图号（包括施工图样编号、地质勘测报告编号）、需要隐蔽验收的主要内容、有关检验测试资料及附图。将检查内容描述清楚，检查内容及要求应符合《建筑地基基础工程施工质量验收标准》（GB 50202—2018）的规定。

2）签字栏中，施工单位栏应由项目负责人、项目质量员签字；监理单位栏应由监理工程师签字并加盖注册方章。

3）记录表格由施工单位项目质量检查员填写，并将检查记录全部记录下来；监理（建设）单位经检查后，予以签字认可。

4）本表一式四份，建设、监理单位各一份，施工单位两份。

土方开挖隐蔽工程验收记录范例见表1-2。

表1-2 土方开挖隐蔽工程验收记录

工程名称	××工程		分项工程名称	土方开挖
施工单位	××建设工程有限公司		工程部位	基础①～⊗/Ⓐ～⊗
图号	结施×××，地质勘测报告（编号×××）			
验收日期	×年×月×日			
检查项目	检查情况	说明或简图		
设计标高	偏差 −25～−40mm	1. 基础基底标高为 −7.35m，槽底土质为砖红色粉质黏土，水位与地质勘察报告相符 2. 当基础挖至标高 −1.5m，槽底有水渗透，坑内设置 0.5m×0.5m×0.5m 的集水井排水 3. 基槽土层已挖至 −7.35m，基底清理到位，浮土、松土清除至持力层，无杂物 4. 天然地基土质较好，按 1:0.5 放坡 5. 基底轮廓尺寸符合土质要求		
轴线尺寸情况	长度偏差：100～145mm；宽度偏差：110～150mm			
边坡情况	1:0.5			
表面平整度	偏差 5～20mm			
地质土层	土性为粉质黏土			
验收结论	经检验，符合设计及施工规范要求，合格。同意隐蔽			
签字栏	施工单位		监理单位	建设单位
	项目专业技术负责人 签名： 专职质检员 签名： 年 月 日		专业监理工程师 签名： 年 月 日	项目专业技术负责人 签名： 年 月 日

引导问题5：施工技术交底要求是什么？

运用知识：

1）必须符合国家法律法规、规范、规程、标准图集、地方政策和法规的要求。

2）必须符合图样各项设计及技术要求，特别是当设计图样中的技术要求及标准高于国家及行业规范时，应做更详细的交底和说明。

3）应符合和体现上一级技术交底中的意图和具体要求。

4）应符合实施施工组织设计和施工方案的各项要求，包括组织措施、技术措施、安全措施等。

5）对不同层次的施工人员，其技术交底的深度与详细程度应不同。因人而异也是技术交底针对性的一方面体现。

6）技术交底应全面、明确、突出重点，应详细说明操作步骤、控制措施、注意事项等，应步骤化、量化、具体化，切忌含糊其辞。

7）在施工中使用新技术、新材料、新工艺的应详细进行交底，交代应用的部位、应用前的样板施工等具体事宜。

8）所有技术交底必须列入工程技术档案。

引导问题6：施工技术交底的注意事项有哪些？

运用知识：

1）做到规范性、合理性。

2）做到有记录、有备案。

3）交底不得厚此薄彼。

4）交底应全面、及早进行。

5）做好督促与检查。

6）采取多种形式的交底手段。

引导问题7：桩基础施工技术交底内容有哪些？

运用知识：

1. 施工技术交底的内容

（1）施工准备

1）材料。说明施工所需材料的名称、品种、规格、型号、质量标准等直观要求，感官判定合格的方法等。

2）机具设备。

① 机械设备：说明所使用机械的名称、型号、性能、使用要求等。

② 主要工具：说明施工应配备的小型工具，包括测量用设备等，必要时应对小型工具的规格、合法性（对一些测量用具，如经纬仪、水准仪、钢卷尺、靠尺等，应强调要求使用经检定合格的设备）等进行规定。

③ 作业条件：说明与本道工序相关的上道工序应具备的条件，是否已经过验收并合格。本工序施工现场施工前应具备的条件等。

（2）工艺流程 详细列出该项目的操作工序和顺序。

（3）操作工艺　根据工艺流程所列的工序和顺序，结合施工图分别对施工要点进行详细叙述，并提出相应的要求。若施工中采用了新工艺、新材料、新技术、新产品，则应对此部分内容进行详细说明。

（4）质量标准和记录

① 质量标准：以《建筑地基基础工程施工质量验收标准》（GB 50202—2018）为主要依据，结合本工程的实际情况来进行编制。

② 质量记录：列明实际工程中所涉及的与质量相关的检验记录。

（5）安全措施及注意事项

① 安全措施：内容包括作业相关安全防护设施要求，个人防护用品要求，作业人员安全素质要求，接受安全教育要求，项目安全管理规定，特种作业人员执证上岗规定，应急响应要求，相关机具安全使用要求，相关用电安全技术要求，相关危害因素的防范措施，文明施工要求，相关防火要求等施工中应采取的安全措施。

② 注意事项：对地基与基础工程施工中的质量通病进行分析，并制订具体的质量通病防治措施，以及对季节性施工应采取的措施进行较为详细的说明。

（6）其他措施（如成品保护、环保、绿色施工等）及注意事项

① 成品保护：对工序成品的保护提出要求，并对工序成品的保护制订出切实可行的措施。

② 环保措施：国家、行业、地方法规环保要求及企业对社会承诺的切实可行的环境保护措施。

2. 重点内容

① 操作工艺。

② 质量控制措施。

③ 安全措施。

引导问题8：技术交底的填写要求是什么？

运用知识：

1）依据标准表格进行填写，要求编制、报批及时，文字规范，条理清晰，填写齐全。

2）技术交底文件编号依据质量记录管理工作程序要求进行编写，依据文件和资料控制工作程序进行管理。

3）"工程名称"要与图样图签中的保持一致。

4）"交底日期"应写清交底编制的具体日期。

5）"施工单位"应写明承揽该工程的施工单位的全称。

6）分项工程名称按照《建筑地基基础工程施工质量验收标准》（GB 50202—2018）的规定填写。

7）交底提要应写清具体的施工部位，按照《建筑地基基础工程施工质量验收标准》（GB 50202—2018）的规定填写。

8）交底内容必须具有很强的可操作性和针对性，使施工人员持技术交底便可进行施工。文字尽量通俗易懂，图文并茂。

9）技术交底只有在签字齐全后方可生效，并发至施工班组。

二、教师检查每个小组记录内容并提出修改建议

修改建议：

三、各小组进一步优化方案并确定最终施工技术交底

最终工作方案记录：

 实践成果

完成土方开挖隐蔽工程验收记录（表 1-3）；编制钻孔灌注桩施工技术交底记录表（表 1-4）。

表 1-3　土方开挖隐蔽工程验收记录（通用）

工程名称		编号	
隐检项目		隐检日期	
隐检部位	层	轴线	标高

隐检依据：施工图号 _____，设计变更/洽商/技术核定单（编号 _____ ）及有关现行国家标准等。

主要材料名称及规格/型号：_____

隐检内容：

检查结论：

同意隐蔽　　　　　　　　不同意隐蔽，修改后复查

复查结论：

复查人：　　　　　　　　　　　复查日期：

签字栏	施工单位		专业技术负责人	专业质检员	专业工长
	监理或建设单位		专业工程师		

表1-4　钻孔灌注桩施工技术交底记录

工程名称		编号		
		交底日期		
施工单位		分项工程名称		
交底摘要		页数	共　　页，第　　页	

交底内容

签 字 栏	交底人		审核人	
	接受交底人			

案例：桩基础分项工程施工技术交底记录。

扫描二维码下载
案例文件

地基与基础工程施工进度计划编制

知识点：

1. 地基与基础施工人力、施工机械、运输的选择和配备。
2. 地基与基础工程工期管理措施。
3. 地基与基础工程施工进度计划。

能力（技能）点：

1. 能够根据施工交底协调施工机械、人力、运输进行地基与基础工程施工。
2. 能够按照已知工程量编制地基与基础施工进度计划。

 实践目的

1）以实际应用为主，培养实际操作能力，提高动手能力。

2）通过案例分析，获得生产技能和施工方面的实际知识，理解并系统掌握地基施工的人力、机械、运输的选择和配备，基础工程工期管理的措施，并能根据已知工程量编制基础施工进度计划。

 **实践分解任务**

1）根据桩基础的施工方法、进度要求选择和配备基础施工人力、施工机械、运输。

2）根据桩基施工工期确定工期管理措施。

3）根据已知工程量编制基础施工进度计划。

 实践分组

以小组为单位（6~8人为一组），在规定时间内完成以上内容。

 实践场地

实训室。

实践实施过程

一、提出工作计划和方案

引导问题1：如何根据桩基础的施工方法和施工进度要求选择和配备劳动力和施工机械？

运用知识：

1. 设备的选择与配备

根据桩基施工的条件、方法，工程量的多少，工期要求等选择设备，并符合适用施工要求、使用安全、技术可靠、经济合理的原则。拟投入本工程的主要施工机械见表1-5。

表 1-5　拟投入本工程的主要施工机械

序号	机械设备名称	型号规格	数量	额定功率/(kW/台)	生产能力
1	旋挖钻机	ZR-220	2		良好
2	反循环钻机	GPS15	2	37	良好
3	挖掘机	220型	4		良好
4	泥浆泵	BX-300-1	6	22	良好
5	电焊机	BNT-32	2	15	良好
6	潜水泵	OW-16t	4	7.5	良好
7	起重机	25-T	2		良好
8	钢筋切割机	GW6-40	3	5.5	良好
9	发电机	GF300	2	300	良好
10	发电机	GF50	2	50	良好
11	振动棒	HGE250	4	2.5	良好
12	自卸汽车		3		良好

2. 劳动力的配备

根据施工过程和进度要求进行劳动力的配备，劳动力计划见表1-6。

表 1-6　劳动力计划

序号	工种	人数
1	测量员	2
2	钻机操作工	15
3	钢筋工	15
4	吊装工	6
5	电焊工	6
6	混凝土工	9
7	木工	8
8	普工	4

引导问题2：工期管理措施有哪些？

运用知识：

1. 计划编制

以保证工程质量及进度为前提，加强施工计划的科学性、合理性。根据本工程特点，运用网络技术、系统工程原理，精心编制详细的、切实可行的实施性施工组织设计及质量计划，选择最优施工方案。

2. 进度控制

建立工程管理信息系统，全面收集工程测量、工程地质、检测试验、施工进度、资源配置、工序质量等现场各项检测和安全施工方面的信息，综合分析、判定施工运行状态，针对存在问题，采取有效措施，使施工过程有序、可控。

借鉴先进管理经验，强化计划管理。定期召开项目管理会议，协调施工各方的工作进度，及时解决设计与施工中存在的问题，使各项工作得以按计划推进；及时分析控制工期的关键线路，合理调剂人力、物力、财力和施工机械，使施工进度紧跟计划。加强调度统计工作，减少各道工序间的衔接时间，避免出现窝工现象。各业务部室协作配合，为现场施工提供有力的经济技术保障。

加强施工过程控制，对施工现场的需求和需解决的问题及时反映、及时解决。

3. 进度考核

严格按照合同条款中规定的工期对指定分包及专业分包进行考核，合同中明确的工期责任，必须履行，实行奖罚制度。

4. 工期竞赛

结合承包经营和施工生产的全过程，有针对性地做好深入细致的思想和宣传工作，充分调动一切积极因素，树立职工的工期意识和合同意识，增强职工确保进度计划、争取提前的紧迫感和责任感。

施工中适时开展劳动竞赛活动，发扬"能攻善战、敢为人先、争创一流"的精神，采取合理的奖罚措施，振奋职工精神，掀起施工高潮，加快施工进度。

引导问题3：基础施工进度计划如何确定？

运用知识：

施工进度计划的编制程序为：收集编制依据→划分施工过程→计算工程量→计算劳动量和机械台班量→确定各施工过程的持续时间→编制施工计划初始方案→检查进度计划初始方案→编制正式施工进度计划。

（1）收集编制依据　编制依据包括施工组织总设计、施工现场条件和勘察资料、工程预算、国家和建设地区现行的有关规范和定额等。

（2）划分施工过程　施工过程划分需考虑精细程度；结合具体的施工方法，本案例采用钻孔灌注桩施工桩基；凡是在同一时间内由同一工作队进行的施工过程均可以合并在一起。

本案例基础施工过程为：场地平整→桩位放样→钻孔及清孔→绑扎安装桩基钢筋及柱插筋→桩基混凝土浇筑→基槽开挖→承台、地梁垫层→承台、地梁钢筋→承台、地梁模板→承台、地梁混凝土浇筑→基础回填。上述施工过程可合并为表1-7所示的5个施工过程。

表1-7　基础施工过程

施工过程	名称	内容
A	场地	平整场地
B	桩基	钻孔
		制作钢筋笼
		安放钢筋笼
		桩基混凝土浇筑
C	基槽	土方开挖（基槽）
D	承台、地梁	承台、地梁C10混凝土垫层
		承台、地梁模板
		承台、地梁钢筋
		承台、地梁混凝土浇筑
E	基础回填	回填土及运余土

（3）计算工程量 根据工程预算书以及拟订的施工方案计算工程量。

（4）计算劳动量和机械台班量 根据工程量、施工方法和施工定额，并参照施工单位的实际情况，确定计划采用的定额，计算劳动量和机械台班量。

$$P = QH$$

式中 P——劳动量（工日）或机械台班量（台班）；

Q——施工过程的工程量（m^3、m^2 或 t）；

H——时间定额 [工日或台班/（m^3、m^2 或 t）]。

以××省工程综合劳动定额为例，以下采用的劳动定额均相同。查得上述各施工过程的时间定额 H，可计算各施工过程的劳动量和机械台班量，见表1-8。

（5）确定各施工过程的持续时间 采用定额计算法计算。根据计划配备在各分项工程上的专业工人人数和施工机械数量，来确定其工作的持续时间。

$$D = \frac{Q}{SRn} = \frac{P}{Rn}$$

式中 D——施工持续时间（d）；

S——产量定额 [（m^3、m^2 或 t）/工日]；

R——每个工作班所需的工人数（人/班）或机械台数（台/班）；

n——每天工作班制。

根据公式，每天采用三班制，各施工过程的持续时间及工期见表1-8。

表1-8 工期及各施工过程持续时间

施工过程	名称	内容	工程量	时间定额	劳动量或机械台班量	每班工作人数或机械台数	工种或设备名称	持续时间/d
A	场地	平整场地	1455m²	2.86工日/100m²	41.6工日	2	普工	7
B	桩基	钻孔	1984.21m³	6.24台班/100m³	123.8台班	2	旋挖钻机	152
		制作钢筋笼	32.7t	4.98工日/t	162.8工日	7	钢筋工	
							电焊工	
		安放钢筋笼	32.7t	6.92工日/t	226.3工日	2	起重机	
		桩基混凝土浇筑	1821.22m³	0.542工日/m³	987.1工日	4	混凝土工	
C	基槽	土方开挖（基槽）	1460m²	2.17工日/1000m²	3.2工日	1	反铲挖土机	1

（续）

施工过程	名称	内容	工程量	时间定额	劳动量或机械台班量	每班工作人数或机械台数	工种或设备名称	持续时间/d
D	承台、地梁	承台、地梁C10混凝土垫层	34.5m³	0.357 工日/m³	12.3 工日	4	混凝土工	12
		承台、地梁模板	118.89m²	1.37 工日/10m²	16.3 工日	8	木工	
		承台、地梁钢筋	9.81t	6.36 工日/t	62.4 工日	5	钢筋工	
		承台、地梁混凝土浇筑	103.89m³	0.542 工日/m³	56.3 工日	4	混凝土工	
E	基础回填	回填土	552m³	20.61 工日/m³	11.4 工日	4	普工	5
		运余土	560.61m³	0.44 台班/10m³	24.7 台班	3	自卸汽车	

（6）编制施工进度计划　施工进度计划可采用网络图或横道图表示，并附必要说明。横道图范例见表1-9。

表1-9　施工进度计划横道图

序号	任务名称	工期/d	开始时间	完成时间	进度计划					
					2015 年	2016 年				
					12 月	1 月	2 月	3 月	4 月	5 月
1	平整场地	7	2015.12.1	2015.12.7	—					
2	桩基	150	2015.12.8	2016.5.5	▬▬▬					
3	基槽开挖	1	2016.5.6	2016.5.6						—
4	承台、地梁	11	2016.5.7	2016.5.17						—
5	基础回填土及运余土	4	2016.5.18	2016.5.21						—
说明		本工程总工期计划为173日历天								

二、教师审查每个小组施工进度计划编制成果并提出修改建议

修改建议记录：

三、各小组进一步优化方案并确定最终进度计划方案

最终工作方案记录：

 实践成果

完成桩基础施工进度计划的编制，见表1-10。

表 1-10　桩基础施工进度计划表

序号	任务名称	工期/d	开始时间	完成时间	进度计划					
					2015年	2016年				
					12月	1月	2月	3月	4月	5月
1										
2										
3										
4										
5										
6										
7										
	说明									

地基与基础工程施工工艺及主控项目质量检查

知识点：

1. 地基与基础工程施工工艺。
2. 地基与基础工程施工工艺标准。
3. 地基与基础工程主控项目质量检查。

能力（技能）点：

1. 能够监督地基与基础工程施工工艺流程，确保其符合工艺标准。
2. 能应用施工质量验收规范，对地基与基础工程主控项目进行质量检查，达到质量验收规范要求。

 实践目的

1）能够理解并系统掌握钻孔灌注桩工艺流程。

2）能通过具体操作训练熟练运用施工质量验收规范，对钻孔灌注桩主控项目进行质量检查，达到质量验收规范要求。

实践分解任务

1）根据施工实际情况合理安排钻孔灌注桩的施工流程。

2）根据《建筑地基基础工程施工质量验收标准》（GB 50202—2018）对钻孔灌注桩的主控项目进行质量检验。

3）编制填写钻孔灌注桩主控项目质量验收记录表。

 **实践分组**

以小组为单位（5~6人为一组），在规定时间内完成以上内容。

 **实践场地**

实训室。

实践实施过程

一、绘制钻孔灌注桩施工工艺流程图

引导问题：钻孔灌注桩施工流程是什么？

运用知识：清理基层→施工放线→钻孔机就位→下套管→钻孔、灌注泥浆→继续钻孔→排渣→清孔→射水清底→下钢筋笼→插入混凝土导管→浇筑混凝土→拔出导管→拔出护筒。

二、编制钻孔灌注桩主控项目质量验收记录表

引导问题1：钻孔灌注桩的施工要点是什么？

运用知识：

1）旋挖钻机、反循环钻机整机质量大、高度大，对场地平整度和承载力均有比较高的要求，因此对钻机开行路线应进行平整，软弱土层应进行加固处理，以确保钻机在行走和钻进过程中不发生倾斜和不均匀沉降。

2）放桩位线。根据桩位平面图放出桩位中心位置并插标桩，引设护桩，并用Φ16～Φ25的钢筋制作成定位环，直径比护筒直径大150～200mm，以桩位标桩为圆心，将定位环放在地面上，沿定位环撒白灰线，作为挖护筒坑的依据。

3）埋设护筒。护筒的作用是固定桩位，导向，隔离地面水，保护孔口及提高孔内水位，增加对孔壁的静压力以防坍塌。护筒上部设有与钻机护筒驱动器连接的螺栓孔和销键；护筒长度一般为2m、4m、8m，根据现场实际土质稳定情况埋设不同深度的护筒进行支护孔壁。护筒可由厂家配套供应，也可自行制作。

4）在钻进过程中，应根据地质情况及时调换钻头。在岩层钻进时，应采用锥形钻或筒钻；在淤泥层、黏性土层、粉（细）沙层和松动土层中采用挖砂钻；在坚硬的姜结石土层和砂卵石层钻进时，如回旋反循环钻或旋挖钻钻进困难，可采用冲击法钻进。

5）垂直度控制。回旋钻机就位后用水平尺量钻机基座或用全站仪测设钻杆导轨是否处于水平和垂直状态；如不水平或不垂直，应立即进行调整。旋挖钻机通过驾驶舱里的计算机控制钻杆垂直度，在钻进过程中，随时检查钻杆的垂直度，以保证成孔的垂直度偏差 <1%。

6）钻进过程中，应及时补充制备好的泥浆，保证在钻进过程中和提钻后泥浆面高于护筒底部2.0m，并根据地层变化及时调整泥浆性能指标。一般在钻进5m或地层发生变化时捞取渣样，判明和记录地层情况，以便与地质剖面图核对。遇到与地质资料严重不符时，应留取样渣并拍照，同时通知监理工程师到现场核实确认。

7）当桩孔钻到设计深度后，用清渣筒（钻）进行第一次清孔、下钢筋笼、第二次清孔、灌注混凝土等工序，要求和方法同其他泥浆护壁灌注桩。

8）当混凝土灌注至桩顶后，在混凝土初凝之前拔除护筒。拔除护筒的方法是用钻机护筒驱动器与护筒上端连接，然后缓慢旋转；护筒松动后，边旋转边缓慢提升，直至把护筒拔

出地面；旋转臂杆，吊离孔位，行车至下一孔位下护筒。

引导问题2：根据《建筑地基基础工程施工质量验收标准》（GB 50202—2018）的要求，哪些属于钻孔灌注桩的主控项目？采用何种方法对这些主控项目进行检验？

运用知识：钻孔灌注桩的主控项目见表1-11。

表1-11 钻孔灌注桩的主控项目

项目	序号	检查项目	允许偏差或允许值		检验方法
			单位	数值	
主控项目	1	承载力	不小于设计值		静载试验
	2	孔深	不小于设计值		用测绳或井径仪测量
	3	桩身完整性	—		钻芯法，低应变法，声波投射法
	4	混凝土强度	不小于设计值		28d试块强度或钻芯法
	5	嵌岩深度	不小于设计值		取岩样或超前钻孔取样

三、小组互评、教师审查各小组钻孔灌注桩主控项目质量验收记录表（表1-12）并提出修改建议

小组意见及修改建议：

四、确定钻孔灌注桩主控项目质量验收记录表

最终工作方案记录：

 实践成果

1）编制填写钻孔灌注桩主控项目质量验收记录表。
2）工作情境模拟操作。

建筑工程施工工艺实施与管理实践（中级）

表 1-12　钻孔灌注桩工程检验批质量验收主控项目记录表范例

单位（子单位）工程名称			三好大厦					
分部（子分部）工程名称		桩基		验收部位		20～30 号钢筋笼		
施工单位		××建设集团有限公司		项目经理		×××		
分包单位		/		分包项目经理		/		
施工执行标准名称及编号		《建筑地基基础工程施工质量验收标准》（GB 50202—2018）						

施工质量验收规范的规定				施工单位检查评定记录						监理（建设）单位验收记录
项目			允许偏差或允许值	实测值						
				1	2	3	4	5	6	
主控项目	1	承载力	不小于设计值	采用静载试验，检测报告×××，符合规范要求						主控项目全部合格
	2	孔深	不小于设计值	14m	14.15m	14.1m	14.1m	14.05m	14.12m	
	3	桩身完整性	—	钻芯法及低应变法检测桩身完整性符合要求（见桩身完整性检测报告　编号×××）						
	4	混凝土强度	不小于设计值	39.6MPa	39.2MPa	39.4MPa	39.3MPa	39.4MPa	39.3MPa	
	5	嵌岩深度	不小于设计值（本工程取 1.0D）	820mm	825mm	815mm	810mm	820mm	805mm	

施工单位检查评定结果	专业工长（施工员）	×××	施工班组长	×××
	主控项目符合设计要求和《建筑地基基础工程施工质量验收标准》（GB 50202—2018）的规定，评定合格。 项目专业质量检查员：×××　　　　　　　　　　　　××年×月×日			
监理（建设）单位验收结论	同意施工单位评定结果，验收合格，可进行下道工序施工。 专业监理工程师：××× （建设单位项目专业技术负责人）　　　　　　　　　　　××年×月×日			

地基与基础工程一般项目允许偏差实物检测

知识点：
1. 地基与基础工程一般项目允许偏差。
2. 地基与基础工程一般项目质量检查。
3. 地基与基础允许偏差项目实物检测。

能力（技能）点：
1. 能应用施工质量验收规范，对地基与基础工程一般项目进行质量检查。
2. 操作检测工具对允许偏差项目进行实物检测，达到质量验收规范要求。

实践目的

1）能够按照《建筑地基基础工程施工质量验收标准》（GB 50202—2018），对钻孔灌注桩一般项目进行划分以及掌握其质量检验方法。

2）能正确操作检测工具，对钻孔灌注桩一般项目的允许偏差进行实物检测，达到质量验收规范要求。

实践分解任务

1）根据《建筑地基基础工程施工质量验收标准》（GB 50202—2018）正确划分钻孔灌注桩质量验收的一般项目。

2）根据《建筑地基基础工程施工质量验收标准》（GB 50202—2018），对钻孔灌注桩质量验收的一般项目选择正确的工具进行质量检验。

3）编制填写钻孔灌注桩一般项目允许偏差实物检测表。

实践分组

以小组为单位（5~6人为一组），在规定时间内完成以上内容。

实践场地

实训室。

实践实施过程

一、熟练掌握钻孔灌注桩质量验收一般项目的具体内容

引导问题：钻孔灌注桩质量验收的一般项目包括哪些内容？

运用知识：

施工前应检验灌注桩的原材料及桩位处的地下障碍物处理资料。施工中应对成孔、钢筋笼制作与安装、水下混凝土灌注等各项质量指标进行检查验收；嵌岩桩应对桩端的岩性和入岩深度进行检验。施工后应对桩身完整性、混凝土强度及承载力进行检验。

钻孔灌注桩质量验收的一般项目具体包括：垂直度；孔径；桩位；泥浆指标（比重、含砂率、黏度）；泥浆面标高（高于地下水位）；钢筋笼质量（筋材质量检验、主筋间距、长度、箍筋间距、笼直径）；沉渣厚度；混凝土坍落度；钢筋笼安装深度；混凝土充盈系数；桩顶标高；后注浆的注浆终止条件及水胶比；扩底桩的扩底直径及扩底高度。

二、实测并编制钻孔灌注桩一般项目实物检测表

引导问题：根据《建筑地基基础工程施工质量验收标准》（GB 50202—2018）的要求，钻孔灌注桩一般项目质量验收的允许偏差或允许值是多少？检测方法有哪些？

运用知识：钻孔灌注桩的一般项目见表1-13。

表1-13　钻孔灌注桩的一般项目

项目	序号	检查项目		允许值或允许偏差		检验方法
				单位	数值	
一般项目	1	垂直度			<1/100	用超声波或井径仪测量
	2	孔径			≥0	用超声波或井径仪测量
	3	桩位	$D<1000mm$		≤70+0.01H	全站仪或用钢尺（开挖前量护筒，开挖后量桩中心）
			$D≥1000mm$		≤100+0.01H	
	4	泥浆指标	比重（黏土或砂性土中）		1.10~1.25	用比重计测，清空后孔底500mm处取样
			含砂率	%	≤8	洗砂瓶
			黏度	s	18~28	黏度计
	5	泥浆面标高（高于地下水位）		m	0.5~1.0	目测法
	6	钢筋笼质量	主筋间距	mm	±10	用钢尺量
			长度	mm	±100	用钢尺量
			箍筋间距	mm	±20	用钢尺量
			笼直径	mm	±10	用钢尺量
			筋材质量检验		设计要求	抽样送检
	7	沉渣厚度	端承桩	mm	≤50	用沉渣仪或重锤测
			摩擦桩	mm	≤150	
	8	混凝土坍落度		mm	180~220	坍落度仪
	9	钢筋笼安装深度		mm	+1000	用钢尺量
	10	混凝土充盈系数			≥1.0	实际灌注量与计算灌注量的比
	11	桩顶标高		mm	+30，-50	水准测量，需扣除桩顶浮浆层及劣质桩体
	12	后注浆	注浆终止条件		注浆量不小于设计值	查看流量表，检查压力表读数
					注浆量不小于设计要求的80%，且注浆压力达到设计值	
			水胶比		设计值	实际用水量与水泥等胶凝材料的质量比
	13	扩底桩	扩底直径		不小于设计值	井径仪测量
			扩底高度		不小于设计值	

注：H为施工现场地面标高与桩顶设计标高的距离，D为设计桩径。

三、小组互评、教师审查各小组钻孔灌注桩一般项目实物检测表（表1-14）并提出修改建议

小组意见及修改建议：

实践成果

1）编制填写钻孔灌注桩一般项目实物检测表。

2）工作情境模拟实际检测。

表 1-14　钻孔灌注桩工程一般项目实物检测表范例

单位（子单位）工程名称				三好大厦								
分部（子分部）工程名称			桩基				验收部位			基础××~××轴		
施工单位			××建设集团有限公司				项目经理			×××		
分包单位			/				分包项目经理			/		
施工执行标准名称及编号			《建筑地基基础工程施工质量验收标准》（GB 50202—2018）									

	施工质量验收规范的规定			施工单位检查评定记录										监理（建设）单位验收记录
	项目		允许偏差或允许值	实测值										
				1	2	3	4	5	6	7	8	9	10	
一般项目	1 垂直度		<1/100	0.005	0.005	0.008	0.006	0.005	0.006	0.008	0.005	0.006	0.008	经检查施工记录及实测，一般项目符合规范要求
	2 孔径		≥0	10mm	10mm	10mm	10mm	10mm	10mm	10mm	10mm	10mm	10mm	
	3 桩位 $D<1000mm$		≤70+0.01H	桩位符合规范要求										
	4 泥浆指标	比重（黏土或砂性土中）	1.10~1.25	1.15	1.20	1.20	1.20	1.20	1.15	1.15	1.15	1.15	1.15	
		含砂率	≤8%	5%	5%	5%	5%	5%	5%	5%	5%	5%	5%	
		黏度/s	18~28	20	20	20	20	20	20	20	20	20	20	
	5 泥浆面标高（高于地下水位）/m		0.5~1.0	0.8	0.8	0.8	0.8	0.8	0.8	0.8	0.8	0.8	0.8	
	6 钢筋笼质量	主筋间距/mm	±10	8	−5	6	−4	7	−5	9	6			
		长度/mm	±100	60	−70	55	45	−50	65	75	40	−60		
		箍筋间距/mm	±20	15	12	−15	−10	−8	10	16	−15	18	15	
		笼直径/mm	±10	7	8	9	6	−5	−7	−3	6	−5	4	
		筋材质量检验	设计要求	钢筋抗拉试验报告（编号××）复验合格，符合设计要求										
	7 沉渣厚度/mm	端承桩	≤50	40	30	25	20	45	35	40	35	25	45	
		摩擦桩	≤150											
	8 混凝土坍落度/mm		180~220	190	190	200	200	200	190	190	190	200	200	
	9 钢筋笼安装深度/mm		±100	65	70	40	35	50	75	65	55	60	70	
	10 混凝土充盈系数		≥1.0	由灌注桩施工记录（编号××）查出实际灌注量，充盈系数最小为1.15										
	11 桩顶标高/mm		+30，−50	15	20	−10	−15	−20	25	15	25	20	20	
	12 后注浆	注浆终止条件	注浆量不小于设计值											
			注浆量不小于设计要求的80%，且注浆压力达到设计值											
		水胶比	设计值											
	13 扩底桩	扩底直径	不小于设计值											
		扩底高度	不小于设计值											

施工单位检查评定结果	专业工长（施工员）	×××	施工班组长		×××
	一般项目符合设计要求和《建筑地基基础工程施工质量验收标准》（GB 50202—2018）的规定，评定合格。				
	项目专业质量检查员：×××			××年×月×日	
监理（建设）单位验收结论	同意施工单位评定结果，验收合格，可进行下道工序施工。				
	专业监理工程师：×××（建设单位项目专业技术负责人）			××年×月×日	

 地基与基础工程施工质量验收

知识点：

1. 地基与基础工程竣工验收标准、规范。

2. 地基与基础工程施工质量验收。

能力（技能）点：

1. 能够按照《建筑工程施工质量验收统一标准》（GB 50300—2013）填写地基与基础工程施工记录。

2. 能够按照《建筑工程施工质量验收统一标准》（GB 50300—2013）填写施工质量验收检查表。

实践目的

1）以实际应用为主，培养实际操作能力，提高动手能力。

2）通过现场具体操作训练，获得生产技能和施工方面的实际知识，理解并系统掌握《建筑工程施工质量验收统一标准》（GB 50300—2013）中地基与基础工程资料的填写编制。

实践分解任务

1）根据施工实际情况编写钻孔灌注桩（泥浆护壁）施工记录表。

2）编制钻孔灌注桩（泥浆护壁）分项工程施工质量验收记录表。

实践分组

以小组为单位（5～6人为一组），在规定时间内完成以上内容。

实践场地

实训室。

实践实施过程

一、编制钻孔灌注桩（泥浆护壁）施工记录表

引导问题1：钻孔灌注桩（泥浆护壁）的作业条件是什么？

运用知识：

1）施工范围内的地上、地下障碍物应清理或改移完毕，对不能改移的障碍物必须进行标识，并有保护措施。

2）现场做到水、电接通，道路畅通，对施工场区进行清理平整，对松软地面进行碾压或夯实处理。

3）收集建筑场地工程地质资料和水文地质资料，熟悉施工图样。

4）编制泥浆护壁钻孔灌注桩施工方案，经审批后向操作人员进行技术交底。

5）按设计图样和给定的坐标点测设轴线定位桩和高程控制点，并据此放出桩位，报建

设单位和监理单位复核。

6）施工前做成孔试验，数量不得少于两个，以便核对地质报告，检验所选设备、工艺是否适宜。

引导问题2：如何编制钻孔灌注桩（泥浆护壁）施工记录表？

运用知识：钻孔灌注桩（泥浆护壁）施工记录表见表1-15。

表1-15 钻孔灌注桩（泥浆护壁）施工记录表

工程名称					施工单位								
施工部位					设计桩顶标高/m				钻机类型				
设计桩长度/m			设计桩径/mm		自然地面标高/m				泥浆种类				
桩号	施工日期	钻孔时间/min	桩位偏差/mm	孔径/mm		孔深/m		护筒埋深/m	孔身垂直度/（%）	孔底沉渣厚度/mm	泥浆指标			混凝土灌注量/m³	
				设计	实测	设计	实测				比重	胶体率/（%）	含砂量/（%）	计算	实际

备注：

专业技术负责人：　　　　　　质检员：　　　　　　专业工长：

二、编制地基与基础分部工程质量验收报告表（表1-16）

填写说明

一、本表适用于总监理工程师（建设单位项目负责人）组织施工单位项目负责人和技术（质量）负责人、设计勘察单位项目负责人对地基基础分部工程进行质量验收。

二、地基与基础结构分部构成条件。由同一施工单位施工具有独立使用功能的建筑物或构筑物的地基与基础结构。

三、填写要求。

有关填写要求详见主体结构分部工程质量验收报告填写说明，此处仅对不同部分说明如下。

1. 基础类型：根据基础的实际类型填写，包括刚性条基、柔性条基、柱下条基、独立柱基、杯基、筏基、桩基、箱基等。

2. 检测单位的检测情况：由地基或桩基的检测单位填写，写明检测的项目、检测的方法和数量、是否按规范选点、检测结果。

3. 勘察单位验收意见：由勘察单位勘察责任人填写，写明是否参与地基开挖后验收，场地土质与地勘报告是否相符，地基持力层能否满足设计要求的承载力。

表 1-16　地基与基础分部工程质量验收表

建设单位		工程名称	
施工单位		项目负责人	
设计单位		基础类型	
建筑面积/m²		地下室层数	
施工周期		验收日期	年　月　日

实体质量 检查情况	
质量文件 检查情况	共审查　　　　项，其中符合要求　　　　项，经鉴定符合要求　　　　项。 审查意见：

检测单位检测情况： 　　　　　　　　　　　（公章） 项目负责人：　　　　　年　月　日	监理单位验收意见：
施工单位评定意见： 注册建造师（项目经理）：　　（公章） 企业技术负责人：　　　　年　月　日	总监理工程师： 　　　　　　　　　　　（公章） 　　　　　　　　　　年　月　日
设计单位验收意见： 设计项目责任人：　　　　（公章） 　　　　　　　　　年　月　日	勘察单位验收意见： 勘察项目责任人：　　　　（公章） 　　　　　　　　　年　月　日
建设单位验收结论： 项目负责人：　　　　　　（公章） 　　　　　　　　　年　月　日	

注：1. 地基与基础分部工程完成后，监理单位（建设单位）应组织有关单位进行质量验收，并按规定的内容填写和签署意见，工程建设参与各方按规定承担相应质量责任。
　　2. 地基与基础分部工程质量文件按要求填写并整理成册附后备查。

引导问题：地基与基础工程质量文件汇总的内容有哪些?

运用知识：地基与基础工程质量文件汇总内容见表1-17。

表1-17　地基与基础工程质量文件汇总内容

序号	资料
1	钢材合格证、试验报告
2	钢材焊接试验报告、焊条（剂）合格证、焊工上岗证
3	水泥合格证及试验报告、混凝土外加剂合格证及试验报告
4	砖、砌块合格证或试验报告
5	构件合格证
6	混凝土强度试验报告、抗渗试验报告
7	砂浆强度试验报告
8	地基验槽记录或地基处理工程质量验收报告
9	桩基础工程质量验收报告
10	工程隐蔽检查记录
11	沉降观测记录
12	砂、石检验单及混凝土、砂浆试配单
13	图样会审纪要
14	设计变更通知单、技术核定单、材料代用签证单
15	施工方案或施工组织设计
16	技术交底
17	施工日志
18	施工许可证、开工报告、停（复）工通知单
19	工程质量事故处理报告
20	分部、分项工程质量评定记录
21	监理大纲、监理细则、监理日志
22	监理单位对分部工程质量评估报告
23	质量问题整改通知书及整改完成情况报告
24	行政处罚记录
25	地基基础检测报告
26	旁站监理记录表

三、小组互评、教师审查各小组钻孔灌注桩（泥浆护壁）施工记录表及地基与基础分部工程质量验收报告表并提出修改建议

小组意见及修改建议：

 实践成果

1）编制钻孔灌注桩（泥浆护壁）施工记录表。

2）编制地基与基础分部工程质量验收表。

学习情境二　砌体工程

案例导入

1）集中居住区 5 号楼工程。

2）本工程为砖混结构建筑，设计为六层：一至五层层高均为 3.000m；六层层高为 2.700m。建筑面积为 2629.45m²。

3）本工程室内地坪与人行道高差为 1.0m，建筑高度为 19.4m。

4）本工程室内标高 ±0.000 所对应的绝对高程为 440.500m。

5）本工程建筑结构类别为乙类，复杂等级为 4 级。主体结构设计合理使用年限为 50 年，耐火等级为二级，屋面防水等级为二级。

6）本工程抗震设防烈度为 6 度。基本地震加速度为 0.10g，Ⅱ类场地，设计特征周期为 0.40s。

图纸：集中居住区 5 号楼工程施工图。

扫描二维码下载
案例图纸

典型任务 1　砌体工程施工技术交底记录

知识点：

1. 砌体类型和构造。
2. 砌体工程隐蔽验收记录。
3. 砌体工程施工技术交底。

能力（技能）点：

1. 能按照指定施工任务编制砌体工程隐蔽验收记录。
2. 能按照指定施工任务编制砌体工程施工技术交底记录表。

实践目的

1）以实际应用为主，培养实际操作能力，提高动手能力。

2）掌握常见砌体的砌体类型和构造。

3）通过现场具体操作训练，掌握砌体工程技术交底的内容及隐蔽工程验收的内容。

实践分解任务

1）熟读不同砌体结构类型施工图，绘制不同节点砌体构造详图。

2）填写砌体工程技术交底及隐蔽工程验收资料。

 实践分组

以小组为单位（6~8人为一组），在规定时间内完成以上内容。

 实践场地

实训室、机房。

 实践实施过程

一、提出工作计划和方案

引导问题1：砌体工程技术交底内容有哪些？

运用知识：

1）采用铺浆法砌筑砌体，铺浆长度不得超过750mm；当施工期间气温超过30℃时，铺浆长度不得超过500mm。

2）240mm厚承重墙，每层墙的最上一皮砖，砖砌体的阶台水平面上及挑出层的外皮砖应整砖丁砌。

3）弧拱式及平拱式过梁的灰缝应砌成楔形缝，拱底灰缝宽度不宜小于5mm，拱顶灰缝宽度不应大于15mm，拱体的纵向及横向灰缝应填实砂浆；平拱式过梁拱脚下面应伸入墙内不小于20mm；砖砌平拱过梁底应有1%的起拱。

4）砖过梁底部的模板及其支架拆除时，灰缝砂浆强度不应低于设计强度的75%。

5）竖向灰缝不应出现透明缝、瞎缝和假缝。

6）砖砌体施工临时间断处补砌时，必须将接槎处表面清理干净，洒水湿润，并填实砂浆，保持灰缝平直。

7）砌体结构工程所用的材料应有产品的合格证书、产品性能型式检测报告，质量应符合国家现行有关标准的要求。块体、水泥、钢筋、外加剂尚应有材料主要性能的进场复验报告，并应符合设计要求。严禁使用国家明令淘汰的材料。

8）砌体结构工程施工前，应编制砌体结构工程施工方案。砌体结构的标高、轴线，应引自基准控制点。伸缩缝、沉降缝、防震缝中的模板应拆除干净，不得夹有砂浆、块体及碎渣等杂物。

9）砌筑顺序应符合下列规定。

① 基底标高不同时，应从低处砌起，并应由高处向低处搭砌。当设计无要求时，搭接长度 L 不应小于基础底的高差 H，搭接长度范围内下层基础应扩大砌筑。

② 砌体的转角处和交接处应同时砌筑。当不能同时砌筑时，应按规定留槎、接槎。

10）砌筑墙体应设置皮数杆。

11）在墙上留置临时施工洞口，其侧边离交接处墙面不应小于500mm，洞口净宽度不应超过1m。抗震设防烈度为9度的地区，建筑物的临时施工洞口位置应会同设计单位确定。

临时施工洞口应做好补砌。

12）不得在下列墙体或部位设置脚手眼。

① 120mm 厚墙、清水墙、料石墙、独立柱和附墙柱。

② 过梁上与过梁成 60°角的三角形范围及过梁净跨度 1/2 的高度范围内。

③ 宽度小于 1m 的窗间墙。

④ 门窗洞口两侧石砌体 300mm，其他砌体 200mm 范围内；转角处石砌体 600mm，其他砌体 450mm 范围内。

⑤ 梁或梁垫下及其左右 500mm 范围内。

⑥ 设计不允许设置脚手眼的部位。

⑦ 轻质墙体。

⑧ 夹心复合墙外叶墙。

13）脚手眼补砌时，应清除脚手眼内掉落的砂浆、灰尘；脚手眼处砖及填塞用砖应湿润，并应填实砂浆。

14）设计要求的洞口、管道、沟槽应于砌筑时正确留出或预埋，未经设计同意，不得打凿墙体和在墙体上开凿水平沟槽。宽度超过 300mm 的洞口上部，应设置钢筋混凝土过梁。不应在截面长边小于 500mm 的承重墙体、独立柱内埋设管线。

15）砌完基础或每一楼层后，应校核砌体轴线和标高。在允许范围内，轴线偏差可在基础顶面或楼面上校正，标高偏差宜通过调整上部砌体灰缝厚度校正。

16）搁置预制梁、板的砌体顶面应平整，标高应一致。

17）砌体结构中钢筋（包括夹心复合墙内外叶墙间的拉结件或钢筋）的防腐，应符合设计要求。

18）雨天不宜在露天砌筑墙体，对下雨当日砌筑的墙体应进行遮盖。继续施工时，应复核墙体的垂直度；如果垂直度超过允许偏差，应拆除重新砌筑。

19）砌体施工时，楼面和屋面堆载不得超过楼板的允许荷载值。当施工层进料口处施工荷载较大时，楼板下宜采取临时支撑措施。

20）正常施工条件下，砖砌体、小砌块砌体每日砌筑高度宜控制在 1.5m 或一步脚手架高度内；石砌体不宜超过 1.2m。

针对工程实例，技术交底安排表见表 2-1。

表 2-1 砌筑工程技术交底安排表

工程名称	集中居住区 5#楼	建设单位	×××××××
监理单位	×××××××	施工单位	×××××××
交底部位	二层	交底日期	6.5
交底人签字	×××	接收人签字	×××

交底内容：

（1）采用铺浆法砌筑砌体，铺浆长度不得超过 750mm；当施工期间气温超过 30℃时，铺浆长度不得超过 500mm

（2）240mm 厚承重墙，每层墙的最上一皮砖，砖砌体的阶台水平面上及挑出层的外皮砖应整砖丁砌

（3）雨天不宜在露天砌筑墙体，对下雨当日砌筑的墙体应进行遮盖。继续施工时，应复核墙体的垂直度；如果垂直度超过允许偏差，应拆除重新砌筑

（4）砌体施工时，楼面和屋面堆载不得超过楼板的允许荷载值。当施工层进料口处施工荷载较大时，楼板下宜采取临时支撑措施

（5）正常施工条件下，砖砌体、小砌块砌体每日砌筑高度宜控制在 1.5m 或一步脚手架高度内；石砌体不宜超过 1.2m

参加单位及人员	××××××× ×××××××

注：本表一式四份，建设单位、监理单位、施工单位、城建档案馆各一份。

引导问题2：如何编制砌体工程隐蔽验收记录？

运用知识：常见砌体隐蔽工程检查项目，主要填写工程名称、施工单位、分项工程名称、设计图号以及需要隐蔽验收的主要内容、有关检验测试资料、附图。具体填写案例见表2-2。

表2-2　隐蔽检验记录

工程名称	集中居民区5#楼	施工单位	×××××××	分项工程名称	检验批	图号	Gs-3

隐蔽日期	隐蔽部位、内容	单位	数量	检查情况	监理建设单位验收记录
7.10	墙体拉结钢筋	根	12	按规范要求布置，深入墙体1m	
7.11	墙体拉结钢筋	根	28	按规范要求布置，深入墙体1m	
7.12	墙体拉结钢筋	根	30	按规范要求布置，深入墙体1m	
					同意验收

有关测试资料

名称	测试结果	证、单编号	备注
拉结钢筋	合格	×××	

附图

参加检查人员签字

施工单位	监理单位	建设单位
项目技术负责人：×××	监理工程师：××× （注册方章）	现场代表：×××

注：本表一式四份，建设单位、施工单位、监理单位、城建档案馆各一份。

二、教师审查每个小组工作方案并提出整改建议

整改建议记录：

三、各小组进一步优化方案并确定最终工作方案

最终工作方案记录：

 实践成果

1) 实践作业。

① 依据工程实例绘制不同节点砌体构造详图。

② 填写砌体工程技术交底（表2-3）及隐蔽工程验收资料表格（表2-4）。

2) 工作情境模拟操作。

表2-3　砌体工程技术交底

工程名称		建设单位	
监理单位		施工单位	
交底部位		交底日期	
交底人签字		接收人签字	

交底内容：

参加单位 及人员	

注：本表一式四份，建设单位、监理单位、施工单位、城建档案馆各一份。

表 2-4 隐蔽检验记录

工程名称		施工单位			分项工程名称		图号	
隐蔽日期	隐蔽部位、内容	单位	数量	检查情况		监理建设单位验收记录		

有关测试资料								
名称	测试结果		证、单编号		备注			

附图

参加检查人员签字		
施工单位	监理单位	建设单位
项目技术负责人：	监理工程师： （注册方章）	现场代表：

注：本表一式四份，建设单位、施工单位、监理单位、城建档案馆各一份。

典型任务 2　砌体工程施工进度计划编制

> **知识点：**
> 1. 砌体工程人力、施工机械、运输的选择和配备。
> 2. 砌体工程施工工期管理措施。
> 3. 砌体工程施工进度计划。
>
> **能力（技能）点：**
> 1. 能够根据施工交底协调施工机械、人力、运输进行砌体工程施工。
> 2. 能够按照已知工程量编制砌体工程施工进度计划。

实践目的

1）以实际应用为主，培养实际操作能力，提高动手能力。

2）掌握常见砌体的类型和构造。

3）通过现场具体操作训练，掌握砌体工程进度计划的编制。

 实践分解任务

1）依据案例编制劳动力、机械、工期计划表。

2）按照工程实例编制施工方案。

3）进行模拟仿真砌筑工程实训操作。

实践分组

以小组为单位（6~8人为一组），在规定时间内完成以上内容。

实践场地

实训室、机房。

实践实施过程

一、提出工作计划和方案

引导问题1：砌体工程施工进度计划的编制依据及步骤是什么？

运用知识：分阶段工程（或专项工程）进度计划是以工程阶段目标（或专项工程）为编制对象，用于指导其施工阶段（或专项工程）实施过程的进度控制文件。分部分项工程进度计划是以分部分项工程为编制对象，用以具体实施操作过程中施工进度控制的专业性文件。二者编制对象为阶段性工程目标或分部分项细部目标，目的是把进度控制进一步具体

化、可操作化，是专业工程具体安排控制的体现。此类进度计划与单位工程进度计划类似，由于比较简单、具体，因此通常由专业工程师或负责分部分项的工长进行编制。

1. 砌体工程进度计划的编制依据

1）主管部门的批示文件及建设单位的要求。

2）施工图样及设计单位对施工的要求。

3）施工企业年度计划对该工程的安排和规定的有关指标。

4）单位工程组织设计对该工程有关部门的规定和安排。

5）资源配备情况。如：施工中需要的劳动力、施工机具和设备、材料、预制构件和加工品的供应能力及来源情况。

6）建设单位可能提供的条件和水电供应情况。

7）施工现场条件和勘察资料。

8）预算文件和国家及地方规范等资料。

2. 砌筑工程进度计划的编制步骤

收集编制依据—划分施工过程、施工段和施工层—确定施工顺序—计算工程量—计算劳动量或机械台班需用量—确定持续时间—绘制可行施工进度计划图。

进度计划一般工程用横道图表示即可，对于工程规模较大、工序比较复杂的工程宜采用网络图表示，通过对各类参数的计算，找出关键线路，选择最优方案。

引导问题2：砌体工程施工进度计划的控制程序是什么？

运用知识：施工进度控制是各项目标实现的重要工作，其任务是实现项目的工期或进度目标，主要分为进度的事前控制、事中控制和事后控制。

（1）进度事前控制内容　编制项目实施总进度计划，确定工期目标；将总目标分解为分目标，制订相应细部计划；制订完成计划的相应施工方案和保障措施。

（2）进度事中控制内容　检查工程进度，一是审核计划进度与实际进度的差异；二是审核形象进度、实物工程量与工作量指标完成情况的一致性。

进行工程进度的动态管理，即分析进度差异的原因，提出调整的措施和方案，相应调整施工进度计划、资源供应计划。

（3）进度事后控制内容　当实际进度与计划进度发生偏差时，在分析原因的基础上应采取以下措施：制订保证总工期不突破的对策措施；制订总工期突破后的补救措施；调整相应的施工计划，并组织协调相应的配套设施和保障措施。

引导问题3：砌体工程施工进度计划的实施与监测应如何进行？

运用知识：施工进度控制的总目标应进行层层分解，形成相互制约的目标体系。目标分解，可按单项工程分解为交工分目标；按承包的专业或施工阶段分解为完工分目标；按年、季、月计划分解为时间分目标。

施工进度计划实施监测的方法有：横道计划比较法、网络计划法、实际进度前锋线法、S形曲线法、香蕉形曲线比较法等。

施工进度计划监测的内容如下。

1）随着项目进展，不断观测每一项工作的实际开始时间、实际完成时间、实际持续时间、目前现状等内容，并加以记录。

2）定期观测关键工作的进度和关键线路的变化情况，并采取相应措施进行调整。

3）观测检查非关键工作的进度，以便更好地挖掘潜力，调整或优化资源，以保证关键工作按计划实施。

4）定期检查工作之间的逻辑关系变化情况，以便适时进行调整。

5）观测有关项目范围、进度目标、保障措施变更的信息等，并加以记录。

项目进度计划监测后，应形成书面进度报告。项目进度报告的内容主要包括：进度执行情况的综合描述；实际施工进度、资源供应进度；工程变更、价格调整、索赔及工程款收支情况；进度偏差状况及导致偏差的原因分析；解决问题的措施；计划调整意见。

引导问题4：砌体工程施工进度计划的调整依据、步骤和方法是什么？

运用知识：施工进度计划的调整依据进度计划检查结果进行，调整的内容包括：施工内容、工程量、起止时间、持续时间、工作关系、资源供应等。调整施工进度计划采用的原理、方法与施工进度计划的优化相同。

调整施工进度计划的步骤如下：分析进度计划检查结果；分析进度偏差的影响并确定调整的对象和目标；选择适当的调整方法，编制调整方案；对调整方案进行评价和决策；确定调整后付诸实施的新施工进度计划。

进度计划的调整一般有以下几种方法。

（1）关键工作的调整　本方法是进度计划调整的重点，也是最常用的方法之一。

（2）改变某些工作间的逻辑关系　此种方法效果明显，但应在允许改变关系的前提下进行。

（3）剩余工作重新编制进度计划　当采用其他方法不能解决时，应根据工期要求，对剩余工作重新编制进度计划。

（4）非关键工作调整　为了更充分地利用资源，降低成本，必要时可对非关键工作的时差作适当调整。

（5）资源调整　若资源供应发生异常，或某些工作只能由某特殊资源来完成时，应进行资源调整，在条件允许的前提下将优势资源用于关键工作的实施，资源调整的方法实际上也就是进行资源优化。

引导问题5：砌体工程施工进度计划中的劳动力计划应如何编制？

运用知识：

（1）劳动力计划编制要求

1）要保持劳动力均衡使用。劳动力使用不均衡，不仅会给劳动力调配带来困难，还会出现过多、过大的需求高峰，同时也增加了劳动力的管理成本，还会带来住宿、交通、饮食、工具等方面的问题。

2）要根据工程的实物量和定额标准分析劳动需用总工日，确定生产工人、工程技术人员的数量和比例，以便对现有人员进行调整、组织、培训，保证现场施工的劳动力到位。

3）要准确计算工程量和施工期限。劳动力计划的编制质量，不仅与计算工程量的准确程度有关，而且与工期计划得合理与否有着直接的关系。工程量越准确，工期越合理，劳动力计划越准确。

（2）劳动力需求计划的编制方法 确定建筑工程项目劳动力的需求量，是劳动力计划的重要组成部分，它不仅决定了劳动力的招聘计划、培训计划，而且直接影响其他计划的编制。

1）确定劳动效率。按劳动力需求计划编制的重要前提，只有确定了劳动力的劳动效率，才能制订出科学、合理的计划。建筑工程施工中，劳动效率通常用"产量/单位时间"或"工时消耗量/单位工作量"来表示。

在一个工程中，分项工程量一般是确定的，它可以通过图样和工程量清单的规范计算得到，而劳动效率的确定却十分复杂。在建筑工程中，劳动效率可以在劳动定额中直接查到，它代表社会平均先进水平的劳动效率。但在实际应用时，必须考虑到具体情况（如环境、气候、地形、地质、工程特点、实施方案的特点、现场平面布置、劳动组合、施工机具等），进行合理调整。

根据劳动力的劳动效率，就可得出劳动力投入的总工时，即

劳动力投入总工时 = 工程量/（产量/单位时间）
= 工程量×工时消耗量/单位工作量

2）确定劳动力投入量。劳动力投入量也称劳动组合或投入强度。在劳动力投入总工时一定的情况下，假设在持续的时间内，劳动力投入强度相等，而且劳动效率也相等，那么在确定每日班次及每班次的劳动时间时，可计算劳动力投入量。

劳动力投入量 = 劳动力投入总工时/（班次/日×工时/班次×活动持续时间）
= 工程量×（工时消耗量/单位工作量）/（班次/日×工时/班次×活动持续时间）

（3）劳动力需求计划的编制注意事项 在编制劳动力需求计划时，由于工程量、劳动力投入量、持续时间、班次、劳动效率、每班工作时间之间存在一定的变量关系，因此，在计划中要注意它们之间的相互调节。

在工程项目施工中，经常安排混合班组承担一些工作任务，此时，不仅要考虑整体劳动效率，还要考虑到设备能力和材料供应能力的制约，以及与其他班组工作的协调。

劳动力需求计划中还应包括对现场其他人员的使用计划，包括为劳动力服务的人员（如医生、厨师、司机）、工地警卫、勤杂人员、工地管理人员等，可根据劳动力投入量计划按比例计算，或根据现场的实际需要安排。

引导问题6：砌体工程施工进度计划的编制应如何进行？

运用知识：依据工程施工图具体工程量，按照工期要求，首先考虑周转材料的需用量，其具体安排见表2-5。

表2-5 土建周转材料投入计划表

序号	材料名称	规格、型号	计量单位	数量	供应日期
1	商品混凝土	综合	m³	1681	4月中旬
2	水泥	水泥42.5	t	135	5月中旬
3	细砂	中、粗	m³	282	5月中旬

建筑工程施工工艺实施与管理实践（中级）

（续）

序号	材料名称	规格、型号	计量单位	数量	供应日期
4	MU10 空心砖	240mm×120mm×60mm	千块	497	5月中旬
5	陶粒混凝土砌块	600mm×300mm×250mm	千块	114	5月上旬
6	圆钢	普通一级	t	35.38	4月中旬
7	螺纹钢筋	普通二级	t	92.45	4月中旬
8	螺纹钢筋	普通三级	t	29.41	5月中旬
9	碎石	1.5~2.5	m³	178.94	5月上旬
10	琉璃瓦片		块	2578	7月上旬
11	电焊条		kg	507	4月中旬
12	聚苯乙烯板	60mm 厚	m³	20	7月中旬
13	门	塑钢门、木门、金属卷门、防盗门	樘	319	8月上旬
14	铝合金窗	平开窗	扇	147	8月上旬

根据施工计划安排，同时考虑现场环境、技术间歇、天气等各种因素，并根据以往工程施工经验和工程进度安排情况，编制施工进度计划安排表（表2-6）和主体结构施工进度计划表（表2-7）。

表2-6 施工进度计划安排表

序号	工种名称	工期/d			备注
		基础阶段	主体阶段	装饰阶段	
1	钢筋工	12	18		
2	模板工	18	30	2	
3	混凝土工	12	28	2	
4	架子工		6	6	
5	细木工			9	
6	油漆工			12	
7	瓦工		30	20	
8	装饰工			40（含抹灰工）	
9	电工	2	3	10	
10	水暖工	2	2	10	
11	普工	15	15	20	
12	防水工		4		
13	电焊工	2	2	2	
14	其他工种	4	4	4	
	合计	67	142	137	

38

表 2-7　主体结构施工进度计划表

序号	分部分项工程名称		施工进度				
			6月	7月	8月	9月	10月
1		机械平整场地	▬				
2	基础工程	基础钢筋绑扎	▬				
3		基础模板搭设	▬				
4		混凝土浇筑	▬				
5		回填土	▬				
6		脚手架搭设		▬			
7	主体工程一层	构造柱		▬			
8		圈梁楼板		▬			
9		砖墙砌筑		▬			
10	主体工程二层	构造柱			▬		
11		圈梁楼板			▬		
12		砖墙砌筑			▬		
13	主体工程三层	构造柱			▬		
14		圈梁楼板			▬		
15		砖墙砌筑				▬	
16	主体工程四层	构造柱				▬	
17		圈梁楼板				▬	
18		砖墙砌筑				▬	
19	主体工程五层	构造柱				▬	
20		圈梁楼板				▬	
21		砖墙砌筑					▬
22	主体工程六层	构造柱					▬
23		圈梁楼板					▬
24		砖墙砌筑					▬

二、教师审查每个小组的工作方案并提出整改建议

整改建议记录：

三、各小组进一步优化方案并确定最终工作方案

最终工作方案记录：

 实践成果

1）实践作业。

① 依据工程实例及工期要求完成施工准备工作计划一览表，包括劳动力需求计划表、劳动力组织需求计划表、机械机具需求计划表、砌筑工程施工作业计划表（横道图）。

② 依据工程实例及工期要求编制砌筑工程施工方案。

2）工作情境模拟操作。

建筑工程施工工艺实施与管理实践（中级）

砌体工程施工工艺及主控项目质量检查

典型任务3

知识点：

1. 砌体工程施工工艺。
2. 砌体工程施工工艺标准。
3. 砌体工程主控项目质量检查。

能力（技能）点：

1. 能够监督砌体工程施工工艺流程，确保其符合工艺标准。
2. 能够填写砌体工程质量验收记录。

 实践目的

1）以实际应用为主，培养实际操作能力，提高动手能力。

2）通过现场具体操作训练，获得生产技能和施工方面实际知识，理解并系统掌握砌体工程工艺流程、质量检验的主要内容。

 **实践分解任务**

1）根据施工实际情况选择砌体工程合理的施工流程。

2）根据建筑工程质量验收方法及验收规范进行常规砌体工程的质量检验。

3）填写砌体工程质量验收记录。

 实践分组

以小组为单位（6~8人为一组），在规定时间内完成以上内容。

 实践场地

实训室、机房。

实践实施过程

一、提出工作计划和方案

引导问题1：砌体工程施工流程是什么？

运用知识：清理基层→施工放线→绘制砌块排列图、交底→拉结钢筋施工→墙底坎台施工→选砌块→立皮数杆→预摆砌块→满铺砂浆或粘接剂→（局部细石混凝土）→砌筑→（圈梁或配筋带施工）→安装门窗预制混凝土块→砌筑安装门窗过梁→浇筑构造柱→技术间歇14d→砌筑顶部斜砖（砌块）→安装预制混凝土块补洞。

引导问题2：砌体工程施工主要工序控制应如何进行？

40

运用知识：

1. 设置基准控制线

基准控制线作为砌筑、抹灰、装饰工程的基础线，在主体结构钢筋混凝土工程的楼板面上，方便后期投射于梁、柱、墙上。

主体施工阶段弹放砌体墙控制线或辅助控制线，且在结构施工、砌体施工、抹灰阶段时，同一工程部位均需利用同一条控制线，避免因控制线弹放误差引起施工误差。

2. 设置砌筑控制线（图2-1）

由基准控制线，引出砌筑轴线、边线，并在距离墙体边线70mm引出检测和恢复控制线。

在砌筑前需根据实际情况向施工人员交底，明确烟道、风道管井尺寸，厨卫开间等准确尺寸。

水平控制线由主体墙柱标记到四个墙角，并在砌体达到一定高度时及时弹出（建筑标高的1m控制线），以便控制水平标高。

图2-1　设置砌筑控制线

3. 设置线管定位线（图2-2）

依据水电图样和入户接口位置，在地面上弹画出给水管、排水管、弱电管、强电管等管线的走向。

分析和优化管线布置、走向的合理性，在砌体墙面标出管线安装准确位置，作为管线定位线。

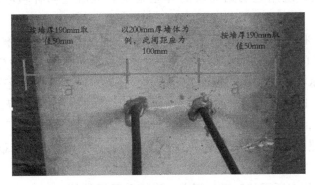

图2-2　设置线管定位线

放线完毕，进行构造柱植筋与绑扎。

引导问题3：如何选择砌块？砌块排列要求是什么？

运用知识：

1）所有砌块应附有出厂合格证，并应对外观质量、尺寸偏差、强度等级进行进场复检。

2）不得使用龄期不足、破裂、不规整、浸水或表面被污染的砌块。

3）对破裂和不规整的砌块可切割成小规格后使用。切锯时应使用合适工具，不得用瓦刀凿砍。

4）砌筑时，普通和轻集料混凝土小型空心砌块龄期不得少于28d，蒸压加气混凝土砌块的龄期不应少于28d，蒸压灰砂砖龄期不应少于28d。

5）空心砖的外观质量，应无缺棱、掉角和裂缝现象。不应使用被水浸透和表面上有浮水或含水率超标、断裂、砌块壁肋中有竖向裂缝的砌块。

砌块排列要求：整齐且有规律性，避免通缝。以大规格砌块为主砌块，使其占砌块总数的70%以上。辅助砌块长度不应小于100mm。砌块排列应上下错缝，搭接长度不宜小于被搭接砌块长度的1/3，如图2-3所示。

引导问题4：砌体工程施工的通用工艺是什么？

运用知识：

1）墙体砌筑前，应检查基础、防潮层或楼板等基层，砌筑位置表面应平整（否则应提前一天找平）、清洁，不得有污染、杂物，并按设计图弹画出墙体轴线、边线、洞口线。

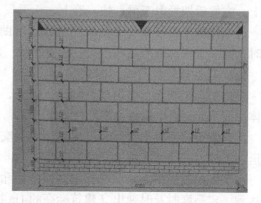

图2-3　砌块排列图

2）砌筑前，应检查主体结构上预留拉结钢筋的数量、长度和位置，预留各类管线位置；检查给水管出口和开关插座的定位是否符合设计要求，不符合要求者应及时调整、补充。

3）堵塞孔洞时，应用经切锯而成的异型砌块和混凝土修补填堵，不得用其他材料填塞。

4）施工时，应采取措施防止施工用水、雨水对墙体造成的冲刷和淋泡。

5）采用湿法施工时，砌筑时需在砌筑面适量浇水以清除浮灰，其中烧结砖要提前1~2d淋水湿润，表面湿水深度宜为5~10mm，目的是保证砌筑砂浆的强度及砌体的整体性。

6）采用干法施工时，因采用专用砌筑砂浆或专用黏结剂，故砌块无须浇水预湿。

7）墙体施工前，应据墙体及其门窗洞的尺寸、砌块规格与砌块上下皮竖向灰缝错缝搭砌长度的要求，按照已绘编砌块排列图执行，以确保砌体组砌合理、有章可循，门窗过梁搭砌部位应为整砖。

8）设计要求或施工所需的洞口、管道、沟槽和预埋件等，应在砌筑时预留或预埋。不得用锤斧剔凿，应使用合适的开槽工具（便携无齿锯、高速旋转锯）。管线埋设应在抹灰前完成。

9）砌体转角处和丁字交接处，预埋暗管、暗线处，开关插座，给水管出水口及墙顶砌块砌筑处，宜采用配套砌块。窗间墙宽度小于600mm时，应采用小砖砌筑。

10）构造柱浇灌混凝土前，须将模板内杂物清理干净。振捣时应避免触碰墙体，严禁通过墙体传振。

11）现场拌制砂浆时应采用机械搅拌，在出现泌水现象时应重新拌和。砂浆应在规定的保塑时间内使用完毕。严禁不同品种砂浆混存混用。

12）砌筑墙端时，砌块与混凝土墙、柱之间的竖缝须用砌筑砂浆填实。

13）砌筑必须挂线（所有洞口处需增加立线确保其垂直度），如果墙长超过4m，中间应增设支线点，确保线平、线紧，使水平缝均匀一致，平直通顺。

引导问题5：砖砌体工程主控项目质量检查应如何进行？

运用知识：

1）砖和砂浆的强度等级必须符合设计要求。

抽检数量：每一生产厂家，烧结普通砖、混凝土实心砖每15万块，烧结多孔砖、混凝土多孔砖、蒸压灰砂砖及蒸压粉煤灰砖每10万块各为一验收批，不足10万块时按1批计，抽检数量为1组。

2）砌体灰缝砂浆应密实饱满，砖墙水平灰缝的砂浆饱满度不得低于80%；砖柱水平灰缝和竖向灰缝饱满度不得低于90%。

抽检数量：每检验批抽查不应少于5处。

检验方法：用百格网检查砖底面与砂浆的黏结痕迹面积。每处检测3块砖，取其平均值。

3）砖砌体的转角处和交接处应同时砌筑，严禁无可靠措施的内外墙分砌施工。在抗震设防烈度为8度及8度以上的地区，对不能同时砌筑而又必须留置的临时间断处应砌成斜槎，普通砖砌体斜槎水平投影长度不应小于高度的2/3。多孔砖砌体的斜槎长高比不应小于1/2。斜槎高度不得超过一步脚手架的高度。

抽检数量：每检验批抽查不应少于5处。

检验方法：观察检查。

4）非抗震设防及抗震设防烈度为6度、7度地区的临时间断处，当不能留斜槎时，除转角处外，可留直槎，但直槎必须做成凸槎，且应加设拉结钢筋。拉结钢筋应符合下列规定。

① 每120mm墙厚放置1Φ6拉结钢筋（120mm厚墙应放置2Φ6拉结钢筋）。

② 间距沿墙高不应超过500mm，且竖向间距偏差不应超过100mm。

③ 埋入长度从留槎处算起，每边均不应小于500mm；对抗震设防烈度6度、7度的地区，不应小于1000mm。

④ 末端应有90°弯钩。

抽检数量：每检验批抽查不应少于5处。

检验方法：观察和尺量检查。

引导问题6：混凝土小型空心砌块砌体主控项目质量检查应如何进行？

运用知识：

1）小砌块和芯柱混凝土、砌筑砂浆的强度等级必须符合设计要求。

抽检数量：每一生产厂家，每1万块小砌块为一验收批，不足1万块按一批计，抽检数量为一组。用于多层建筑的基础和底层的小砌块抽检数量不应少于2组。

检验方法：检查小砌块和芯柱混凝土、砌筑砂浆试块试验报告。

2）砌体水平灰缝和竖向灰缝的砂浆饱满度，按净面积计算不得低于90%。

抽检数量：每检验批抽查不应少于5处。

检验方法：用专用百格网检测小砌块与砂浆黏结痕迹，每处检测3块小砌块，取其平均值。

3）墙体转角处和纵横墙交接处应同时砌筑。临时间断处应砌成斜槎，斜槎水平投影长度不应小于斜槎高度。施工洞口可预留直槎，但在洞口砌筑和补砌时，应在直槎上下搭砌的小砌块孔洞内用强度等级不低于 C20 的混凝土灌实。

抽检数量：每检验批抽查不应少于 5 处。

检验方法：观察检查。

4）小砌块砌体的芯柱在楼盖处应贯通，不得削弱芯柱截面尺寸；芯柱混凝土不得漏灌。

抽检数量：每检验批抽查不应少于 5 处。

检验方法：观察检查。

引导问题 7：填充墙砌体主控项目质量检查应如何进行？

运用知识：

1）烧结空心砖、小砌块和砌筑砂浆的强度等级应符合设计要求。

抽检数量：烧结空心砖每 10 万块为一验收批，小砌块每 1 万块为一验收批，不足上述数量时按一批计，抽检数量为一组。

检验方法：检查砖、小砌块进场复验报告和砂浆试块试验报告。

2）填充墙砌体应与主体结构可靠连接，其连接构造应符合设计要求，未经设计同意，不得随意改变连接构造方法。每一填充墙与柱的拉结筋的位置超过一匹块体高度的数量不得多于一处。

抽检数量：每检验批抽查不应少于 5 处。

检验方法：观察检查。

3）填充墙与承重墙、柱、梁的连接钢筋，当采用化学植筋的连接方式时，应进行实体检测。锚固钢筋拉拔试验的轴向受拉非破坏承载力检验值应为 6.0kN。抽检钢筋在检验值作用下基材无裂缝，钢筋无滑移、宏观裂损现象；持荷 2min 期间荷载值降低不大于 5%。

抽检数量：按表 2-8 确定。

检验方法：原位试验检查。

表 2-8　检验批抽检锚固钢筋样本最小容量

检验批的容量	样本最小容量	检验批的容量	样本最小容量
≤90	5	281~500	20
91~150	8	501~1200	32
151~280	13	1201~3200	50

二、教师审查每个小组的工作方案并提出整改建议

整改建议记录：

三、各小组进一步优化方案并确定最终工作方案

最终工作方案记录:

 实践成果

1. 实践作业

（1）训练项目 模拟仿真砌体结构施工综合训练。

（2）项目任务量 以班为单位完成一个单元一层约 $200\sim250\mathrm{m}^2$ 住宅的结构施工。

（3）相关任务内容

1）施工准备工作。熟悉图样；熟悉现场，加工匹数杆，作好开工准备。

2）施工作业。

① 抄平放线，弹画出应砌墙体的轴线和轮廓线。

② 按需求试摆砖。

③ 墙体砌筑。

a. 组砌 240mm、120mm 墙。

b. 安放墙拉筋。

c. 预留洞口、留直槎。

d. 构造柱留设。

e. 做钢筋砖过梁。

④ 工程质量自检、互检、评比。

a. 学习质量检测方法。

b. 填写质量评定表、自检表。

c. 评比工程、排列名次。

⑤ 拆除砌筑成品、钢筋及脚手架。

⑥ 写训练总结、质检表等文件，并装订成册，交老师评阅后给出成绩。

（4）训练组织与管理

1）每班配备两名指导老师负责，组织管理训练过程中的劳动纪律、质量安全、进度检查，评定学生成绩等。

2）每班安排三个工种指导师傅，由指导老师负责安排工作并考勤。

3）参加训练班级由指导老师指派 3~5 名学生组成管理小组，辅助教师工作。

4）实训室负责材料、机具采购供应，工人师傅招聘，维修检查及训练后的清理，同时全面协调、宏观管理训练过程，负责对指导老师进行考勤考评。

（5）实训仪器工具领取计划

1）提前一天由实训室库房管理员通知各实训班级负责人，凭有效证件以班级为单位前往实训室领取实训工具。

2）由实训室库房管理员为实训学生做安全教育，讲解实训工具的使用方法和正确维修方法。

3）告知实训学生借用期限及损坏赔偿办法。

4）由各实训班级负责人在登记表上填写班级、组号及日期。将登记表交由实训室库房管理人员保管。

5）告知实训班级学生如期归还实训工器具，并应该清洗干净，以班级为单位归还实训室，由实训室库房管理员和实训班级负责人清点实训工器具的数量，并检查是否损坏。如果存在破损，将依据实训工器具管理制度处以赔偿。

（6）实训所需实训仪器、工具　工作服、安全帽、手套、卷尺、钢尺、线锤、墨斗、线板、挂锁、砖刀、羊角锤、扳手、钢筋钩、铝合金靠尺、水桶、经纬仪、水平仪、木桩、龙门板和尼龙线。

注：上述材料部分可重复利用。

（7）注意事项

1）安全目标。做到全过程无任何安全事故。

2）安全组织及机构。

① 由指导老师组成安全领导小组，每位指导老师为安全组成员，负责日常安全检查监督工作。

② 各班指导老师作为安全事故第一责任人。

③ 各班由班长负责，3人组成安全监督小组，负责本班训练过程中的安全检查监督工作，挂牌上岗，兼职履行义务。

④ 全部训练过程聘请一名有经验的专职安全员，负责每天的安全检查工作，发现问题及时处理。

3）安全措施。

① 每位学生着工作服、安全帽参加训练，学校统一发放劳保手套。

② 危险机械的使用必须有专业师傅专职辅助作业，学生不得独立操作。

③ 指导老师在安排指导学生作业时，对具有危险性的作业内容要事先给予指导，使学生做到正确操作、安全施工。

④ 安全标志、安全条例挂牌上墙，提示操作人员注意。

⑤ 发现安全隐患和不安全行为，各层安全责任人都应立即制止，并对情节严重者给予批评教育直至处分。

⑥ 每项训练开始前，各班由指导老师进行安全交底，并组织学习相关安全常识。

2. 工作情境模拟操作

砌体工程一般项目允许偏差实物检测

知识点:

1. 砌体工程一般项目允许偏差。
2. 砌体工程一般项目质量检查。
3. 砌体工程允许偏差项目实物检测。

能力(技能)点:

1. 能应用施工质量验收规范,对砌体工程一般项目进行质量检查。
2. 操作检测工具对砌体工程允许偏差项目进行实物检测,达到质量验收规范要求。

 实践目的

1)以实际应用为主,培养实际操作能力,提高动手能力。

2)通过现场具体操作训练,获得生产技能和施工方面的实际知识,掌握质量检验的主要内容,并熟练使用检测工具进行砌体工程质量检测。

 **实践分解任务**

1)根据建筑工程质量验收方法及验收规范进行常规砌体工程的质量检验。

2)利用操作检测工具对砌体工程允许偏差项目进行实物检测。

 **实践分组**

以小组为单位(6~8人为一组),在规定时间内完成以上内容。

 实践场地

实训室、机房。

实践实施过程

一、提出工作计划和方案

引导问题1:砖砌体工程一般项目允许偏差及检验方法是什么?

运用知识:

1)砖砌体组砌方法应正确,内外搭砌,上下错缝。清水墙、窗间墙无通缝;混水墙中不得有长度大于300mm的通缝,长度200~300mm的通缝每间不超过3处,且不得位于同一面墙体上。砖柱不得采用包心砌法。

抽检数量:每检验批抽查不应少于5处。

建筑工程施工工艺实施与管理实践（中级）

检验方法：观察检查。砌体组砌方法抽检每处应为 3～5m。

2）砖砌体的灰缝应横平竖直，厚薄均匀。水平灰缝厚度及竖向灰缝宽度宜为 10mm，但不应小于 8mm，也不应大于 12mm。

抽检数量：每检验批抽查不应少于 5 处。

检验方法：水平灰缝厚度用尺量 10 皮砖砌体高度折算。竖向灰缝宽度用尺量 2m 砌体长度折算。

3）砖砌体尺寸、位置的允许偏差及检验应符合表 2-9 的规定。

表 2-9 砖砌体尺寸、位置的允许偏差及检验

序号	项目			允许偏差/mm	检验方法	抽检数量
1	轴线位移			10	用经纬仪和尺或用其他测量仪器检查	承重墙、柱全数检查
2	基础、墙、柱顶面标高			±15	用水准仪和尺检查	不应少于 5 处
3	墙面垂直度	每层		5	用 2m 托线板检查	不应少于 5 处
		全高	≤10m	10	用经纬仪、吊线和尺或其他测量仪器检查	外墙全部阳角
			>10m	20		
4	表面平整度	清水墙、柱		5	用 2m 靠尺和楔形塞尺检查	不应少于 5 处
		混水墙、柱		8		
5	水平灰缝平直度	清水墙		7	拉 5m 线和尺检查	不应少于 5 次
		混水墙		10		
6	门窗洞口高、宽（后塞口）			±10	用尺检查	不应少于 5 处
7	外墙下窗口偏移			20	以底层窗口为准，用经纬仪或吊线检查	不应少于 5 处
8	清水墙游丁走缝			20	以每层第一皮砖为准，用吊线和尺检查	不应少于 5 处

引导问题 2：混凝土小型空心砌块砌体工程一般项目允许偏差及检验方法是什么？

运用知识：

1）砌体的水平灰缝厚度和竖向灰缝宽度宜为 10mm，但不应大于 12mm，也不应小于 8mm。

检验数量：每检验批抽查不应少于 5 处。

检验方法：水平灰缝用尺量 5 匹小砌块的高度折算；竖向灰缝宽度用尺量 2m 砌体长度折算。

2）小砌块砌体尺寸、位置的允许偏差应按表 2-10 的规定执行。

引导问题 3：填充墙砌体一般项目允许偏差及检验方法是什么？

运用知识：

1）填充墙砌体尺寸、位置的允许偏差及检验方法应符合表 2-10 的规定。

表 2-10　填充墙砌体尺寸、位置的允许偏差及检验方法

序号	项目		允许偏差/mm	检验方法
1	轴线位移		10	用尺检查
2	垂直度（每层）	≤3m	5	用2m托线板或吊线、尺检查
		>3m	10	
3	表面平整度		8	用2m靠尺和楔形尺检查
4	门窗洞口高、宽（后塞口）		±10	用尺检查
5	外墙上、下窗口偏移		20	用经纬仪或吊线检查

2）填充墙砌体的砂浆饱满度及检验方法应符合表 2-11 的规定。

表 2-11　填充墙砌体的砂浆饱满度及检验方法

砌体分类	灰缝	饱满度及要求	检验方法
空心砖砌体	水平	≥80%	采用百格网检查块体底面或侧面砂浆的黏结痕迹面积
	垂直	填满砂浆，不得有透明缝、瞎缝、假缝	
蒸压加气混凝土砌块、轻集料混凝土小型空心砌块	水平	≥80%	
	垂直	≥80%	

3）填充墙留置的拉结钢筋或网片的位置应与块体匹数相符合。拉结钢筋或网片应置于灰缝中，埋置长度应符合设计要求，竖向位置偏差不应超过一匹高度。

抽检数量：每检验批抽查不应少于 5 处。

检验方法：观察和用尺检查。

4）砌筑填充墙时应错缝搭砌，蒸压加气混凝土砌块搭砌长度不应小于砌块长度的 1/3；轻集料混凝土小型空心砌块搭砌长度不应小于 90mm；竖向通缝不应大于 2 皮。

抽检数量：每检验批抽检不应少于 5 处。

检验方法：观察和用尺检查。

5）填充墙的水平灰缝厚度和竖向灰缝宽度应正确。烧结空心砖、轻集料混凝土小型空心砌块砌体的灰缝应为 8~12mm。对蒸压加气混凝土砌块砌体，当采用水泥砂浆、水泥混合砂浆或蒸压加气混凝土砌块砌筑砂浆时，水平灰缝厚度及竖向灰缝宽度不应超过 15mm；当采用蒸压加气混凝土砌块黏结砂浆时，水平灰缝厚度和竖向灰缝宽度宜为 3~4mm。

抽检数量：每检验批抽查不应少于 5 处。

检验方法：水平灰缝厚度用尺量 5 匹小砌块的高度折算；竖向灰缝宽度用尺量 2m 砌体长度折算。

二、教师审查每个小组工作方案并提出整改建议

整改建议记录：

三、各小组进一步优化方案并确定最终工作方案

最终工作方案记录：

 实践成果

1）实践作业。对砖砌体的一般控制项目进行质量检测，并完成表 2-12 砖砌体实测数据表等文件，并装订成册交老师评阅后给出成绩。

表 2-12 砖砌体实测数据表

序号	项目			允许偏差/mm	检验方法	抽检数量
1	轴线位移			10	用经纬仪和尺或用其他测量仪器检查	承重墙、柱全数检查
2	基础、墙、柱顶面标高			±15	用水准仪和尺检查	
3	墙面垂直度	每层		5	用2m托线板检查	
		全高	≤10m	10	用经纬仪、吊线和尺或其他测量仪器检查	
			>10m	20		
4	表面平整度	清水墙、柱		5	用2m靠尺和楔形塞尺检查	
		混水墙、柱		8		
5	水平灰缝平直度	清水墙		7	拉5m线和尺检查	
		混水墙		10		
6	门窗洞口高、宽（后塞口）			±10	用尺检查	
7	外墙下窗口偏移			20	以底层窗口为准，用经纬仪或吊线检查	
8	清水墙游丁走缝			20	以每层第一皮砖为准，用吊线和尺检查	

2）工作情境模拟操作。

砌体工程施工质量验收

知识点：
1. 砌体工程竣工验收标准、规范。
2. 砌体工程施工质量验收。

能力（技能）点：
1. 能够按照《建筑工程施工质量验收统一标准》（GB 50300—2013）填写砌体工程施工记录。
2. 能够按照《建筑工程施工质量验收统一标准》（GB 50300—2013）填写砌体工程施工质量验收检查表。

实践目的

1）以实际应用为主，培养实际操作能力，提高动手能力。
2）通过现场具体操作训练，获得生产技能和施工方面的实际知识，理解并系统掌握《建筑工程施工质量验收统一标准》（GB 50300—2013）中砌体工程资料的填写编制。

实践分解任务

1）根据施工实际情况编写砌体工程施工记录。
2）编制砌体工程施工质量验收检查表。

实践分组

以小组为单位（6～8人为一组），在规定时间内完成以上内容。

实践场地

实训室、机房。

实践实施过程

一、提出工作计划和方案
引导问题1：砌体工程验收前，应提供的文件和记录有哪些？
运用知识：

设计变更文件；施工执行的技术标准；原材料出厂合格证书、产品性能检测报告和进场复验报告；混凝土及砂浆配合比通知单；混凝土及砂浆试件抗压强度试验报告单；砌体工程施工记录；隐蔽工程验收记录；分项工程检验批的主控项目、一般项目验收记录；填充墙砌体植筋锚固力检测记录；重大技术问题的处理方案和验收记录；其他必要的文件和记录。

引导问题2：砌体工程质量不符合要求时，以及砌体有裂缝时，应如何处理？

运用知识：

1）砌体子分部工程验收时，应对砌体工程的观感质量作出总体评价。

2）当砌体工程质量不符合要求时，应按《建筑工程施工质量验收统一标准》（GB 50300—2013）的有关规定执行。

3）有裂缝的砌体应按下列情况进行验收。

① 对不影响结构安全性的砌体裂缝，应予以验收；对明显影响使用功能和观感质量的裂缝，应进行处理。

② 对有可能影响结构安全性的砌体裂缝，应由有资质的检测单位检测鉴定；需返修或加固处理的，待返修或加固处理满足使用要求后进行二次验收。

引导问题3：填充墙砌体植筋锚固力应如何检验抽样判定？

运用知识：

填充墙砌体植筋锚固力检验抽样判定应按表2-13和表2-14进行。

表2-13　正常一次性抽样的判定

样本容量	合格判定数	不合格判定数	样本容量	合格判定数	不合格判定数
5	0	1	20	2	3
8	1	2	32	3	4
13	1	2	50	5	6

表2-14　正常二次性抽样的判定

抽样次数与样本容量	合格判定数	不合格判定数	抽样次数与样本容量	合格判定数	不合格判定数
（1）－5	0	2	（1）－20	1	3
（2）－10	1	2	（2）－40	3	4
（1）－8	0	2	（1）－32	2	5
（2）－16	1	2	（2）－64	6	7
（1）－13	0	3	（1）－50	3	6
（2）－26	3	4	（2）－100	9	10

二、教师审查每个小组工作方案并提出整改建议

整改建议记录：

三、各小组进一步优化方案并确定最终工作方案

最终工作方案记录：

实践成果

1）实践作业。根据施工实际情况编写砌体工程施工记录（表2-15），编制砌体工程施工质量验收记录（表2-16~表2-18）。

2）工作情境模拟操作。

表2-15 施工记录

日期		星期			平均气温		
施工部位			出勤人数	操作负责人			
施工内容							

工长		记录员	

表2-16　砖砌体工程检验批质量验收记录

工程名称		分项工程名称			
验收部位		施工单位			
项目负责人		专业工长		施工班组长	
施工执行标准及编号					
质量验收规范的规定		施工单位检查评定记录			监理（建设）单位验收记录
主控项目	1. 砖强度等级必须符合设计要求				
	2. 砂浆强度等级符合设计要求				
	3. 砖砌体转角处和交接下应同时砌筑，严禁无可靠措施的内外墙分砌施工，临时间断处砌成斜槎，斜槎水平投影长度不应小于高度的2/3				
	4. 留槎正确，接结筋应符合规范规定	留槎正确，拉结筋按设计和规范进行设置			
	5. 砂浆饱满度				
	6. 轴线位移				
	7. 垂直度 每层				
	全高				
一般项目	1. 组砌方法应正确	符合设计和施工规范要求			
	2. 水平灰缝厚度宜为8～12mm				
	3. 基础顶面、楼面标高				
	4. 表面平整度 清水墙、柱				
	混水墙、柱				
	5. 门窗洞口高宽（后塞口）				
	6. 外墙上下窗口偏移				
	7. 水平灰缝平直度 清水墙、柱				
	混水墙、柱				
	8. 清水墙游丁走缝				
共实测　　，其中合格　　点，不合格　　点，合格点率　　　%					
施工单位检查评定结果	项目专业质量检查员：　　　　　项目专业质量（技术）负责人：　　　　　年　月　日				
监理（建设）单位验收结论	监理工程师（建设单位项目技术负责人）：　　　　　　　　　　　　　　年　月　日				

砖砌体工程检验批质量验收记录填写说明

一、本表适用于烧结普通砖、烧结多孔砖、蒸压灰砂砖、粉煤灰砖等砌体工程的施工质量验收记录。

二、本表由施工单位和监理单位共同填写。施工单位检查记录全部记录在本表中；监理（建设）单位在本表中记录实测结果，其他记录在与之配套的监理用表《工程构配件报审表》和《实测项目检查表》中。

三、本表的主控项目中：

1. 砖和砂浆的强度等级必须符合设计要求。

抽检数量：每一生产厂家的砖到现场后，按烧结砖15万块、多孔砖5万块、灰砂砖及粉煤灰砖10万块备为一检验批，抽检数量为1组。砂浆试块的抽检数量按每一检验批且不超过250m³砌体的各种类型及强度等级的砌筑砂浆，每台搅拌机应至少抽检1次。

检验方法：查砖和砂浆试块试验报告。

2. 砌体水平灰缝的砂浆饱满度不得小于80%。

抽检数量：每检验批抽检不应少于5处。

检验方法：用百格网检查砖底面与砂浆的黏结痕迹面积。每处检测3块砖，取其平均值。

3. 砖砌体转角处和交接处应同时砌筑，严禁无可靠措施的内外墙分砌施工，临时间断处砌成斜槎，斜槎水平投影长度不应小于高度的2/3。

抽检数量：每检验批抽检20%接槎，且不应少于5处。

检验方法：观察检查。

4. 留槎正确，拉结筋应符合规范规定。

抽检数量：每检验批抽检20%接槎，且不应少于5处。

检验方法：观察和尺量检查。

5. 砖砌体的位置及垂直度。

抽检数量：轴线查全部承重墙、柱；外墙垂直度全高查阳角不应少于4处，每层每20m查1处；内墙按有代表性的自然间抽10%，但不应少于3间，每间不应少于2处，柱不少于5根。

检验方法：经纬仪、吊线、尺量检查。

四、本表的一般项目中，分为清水墙和混水墙两种类型。

1. 组砌方法应正确。

抽检数量：外墙每20m抽查1处，每处3~5m，且不应少于3处；内墙按有代表性的自然间抽10%，且不应少于3间。

检验方法：观察检查。

2. 砖砌体的灰缝应横平竖直，厚薄均匀。水平灰缝厚度宜为8~12mm。

抽检数量：每步脚手架施工的砌体，每20m抽查1处。

检验方法：用尺量10匹砖砌体高度折算。

3. 砖砌体的一般尺寸允许偏差均应符合《砌体结构工程施工质量验收规范》（GB 50203—2011）的规定。

五、检查评定结果由施工单位填写，应明确结论性意见，并签字齐全。验收结论由监理（建设）单位填写，应给予明确的验收结论，即：合格或不合格，并签字齐全。

六、本表一式两份，施工、监理（建设）单位各存一份。

表 2-17　混凝土小型空心砌块工程检验批质量验收记录

工程名称			分项工程名称				
验收部位			施工单位				
项目负责人			专业工长			施工班组长	
施工执行标准及编号							
质量验收规范的规定			施工单位检查评定记录			监理（建设）单位验收记录	
主控项目	1. 小砌块强度等级必须符合设计要求						
	2. 砂浆强度等级必须符合设计要求						
	3. 墙体转角处和纵横墙交接处应同时砌筑，临时间断处砌成斜槎，斜槎水平投影长度不应小于高度的2/3						
	4. 水平灰缝饱满度						
	5. 竖向灰缝饱满度						
	6. 轴线位移						
	7. 垂直度	每层					
		全高					
一般项目	1. 水平灰缝厚度和竖向灰缝宽度宜为10mm，但不应大于12mm，也不应小于8mm						
	2. 基础顶面和楼面标高						
	3. 表面平整度	清水墙、柱					
		混水墙、柱					
	4. 门窗洞口高、宽（后窗口）						
	5. 外墙上下窗口偏移						
	6. 水平灰缝平直度	清水墙、柱					
		混水墙、柱					
	7. 清水墙游丁走缝						

共实测 　　，其中合格 　　点，不合格 　　点，合格点率 　　%

施工单位检查评定结果	项目专业质量检查员：　　　　项目专业质量（技术）负责人：　　　　年　月　日
监理（建设）单位验收结论	监理工程师（建设单位项目技术负责人）：　　　　　　　　　　年　月　日

注：本表由项目专业质量检查员填写，监理工程师（建设单位项目技术负责人）组织项目专业质量（技术）负责人等进行验收。

表 2-18　填充墙砌体工程检验批质量验收记录

工程名称		分项工程名称		验收部位	
施工单位				项目经理	
施工执行标准名称及编号				专业工长	
分包单位				施工班组长	

	质量验收规范的规定			施工单位检查评定记录	监理（建设）单位验收记录
主控项目	1. 块体强度等级		GB 50203—2011		
	2. 砂浆强度等级				
	3. 与主体结构连接				
	4. 植筋实体检测			见填充墙砌体植筋锚固力检测记录	
一般项目	1. 轴线位移		≤10mm		
	2. 墙面垂直度（每层）	≤3m	≤5mm		
		>3m	≤10mm		
	3. 表面平整度		≤8mm		
	4. 门窗洞口		±10mm		
	5. 窗口偏移		≤20mm		
	6. 水平灰缝砂浆饱满度				
	7. 竖向灰缝砂浆饱满度				
	8. 拉结筋、网片位置				
	9. 拉结筋、网片埋置长度				
	10. 搭砌长度				
	11. 灰缝厚度				
	12. 灰缝宽度				

施工单位检查评定结果	项目专业质量检查员： 　　年　月　日	项目专业质量（技术）负责人： 　　年　月　日
监理（建设）单位验收结论	监理工程师（建设单位项目技术负责人）：　　　　　　　　年　月　日	

注：本表由施工单位项目专业质量检查员填写，监理工程师（建设单位项目技术负责人）组织项目专业质量（技术）负责人等进行验收。

学习情境三 钢筋混凝土工程

案例导入

1）本项目为综合楼。建筑面积为 4096.31m²，建筑总高度为 38.25m。结构形式为混凝土框架结构，地上九层，地下一层。地下一层设有汽车库（Ⅳ类）、设备用房，地上一层为商业服务网点，二至九层为写字间（开放式办公用房）。建筑分类为二类高层。

2）工程抗震设防烈度为 7 度（0.1g），抗震设防分类为丙类，建筑结构安全等级为二级，结构合理使用年限为 50 年。建筑耐火等级地上为二级，地下为一级；屋面防水等级为Ⅱ级，地下室防水等级为Ⅰ级。

3）本工程施工图设计文件包括建筑、结构、给排水、电气（含强、弱电）等各专业图样；本工程施工图设计文件不包括二次装修、庭院景观等设计部分，相关内容由甲方另行委托设计。

4）工程场地地形基本平坦，三通一平已完成，具备施工条件。

典型任务 1　钢筋混凝土工程施工技术交底记录

知识点：

1. 钢筋混凝土构造要求。
2. 钢筋混凝土工程隐蔽验收记录。
3. 钢筋混凝土工程施工技术交底。

能力（技能）点：

1. 能按照指定施工任务编制钢筋混凝土工程隐蔽验收记录。
2. 能按照指定施工任务编制钢筋混凝土工程施工技术交底记录表。

实践目的

1）以实际应用为主，掌握钢筋混凝土构造要求，培养实际操作能力。

2）通过实际钢筋混凝土工程具体操作训练，获得生产技能和施工方面的相关实际知识，理解并系统掌握编制钢筋混凝土工程隐蔽验收记录、钢筋混凝土工程施工技术交底记录的主要内容。

实践分解任务

1）根据施工实际情况提出钢筋混凝土构造要求。

2）根据《建筑工程施工质量验收统一标准》（GB 50300—2013）、《建设工程监理规范》（GB/T 50319—2013）及《混凝土结构工程施工质量验收规范》（GB 50204—2015）等来编制与填写钢筋混凝土工程隐蔽验收记录、钢筋混凝土工程施工技术交底记录。

实践分组

以小组为单位（6~8人为一组），在规定时间内完成以上内容。

实践场地

实训室、机房。

实践实施过程

一、提出工作计划和方案。

引导问题1：钢筋混凝土的构造要求有哪些？

运用知识：

1. 混凝土保护层

（1）混凝土结构的环境类别　混凝土结构的环境类别应按表3-1进行划分。

表 3-1　混凝土结构的环境类别

混凝土结构的环境类别		
序号	环境类别	条件
1	一	室内干燥环境；无侵蚀性静水浸没环境
2	二 a	室内潮湿环境；非严寒和非寒冷地区的露天环境；非严寒和非寒冷地区与无侵蚀性的水或土壤直接接触的环境；严寒和寒冷地区的冰冻线以下与无侵蚀性的水或土壤直接接触的环境
3	二 b	干湿交替环境；水位频繁变动环境；严寒和寒冷地区的露天环境；严寒和寒冷地区冰冻线以上与无侵蚀性的水或土壤直接接触的环境
4	三 a	严寒和寒冷地区冬季水位变动环境；受除冰盐影响环境；海风环境
5	三 b	盐污渍土环境；受除冰盐作用环境；海岸环境
6	四	海水环境
7	五	受人为或自然的侵蚀性物质影响的环境

注：1. 室内潮湿环境是指构件表面经常处于结露或湿润状态的环境。

　　2. 严寒和寒冷地区的划分应符合《民用建筑热工设计规范（含光盘）》（GB 50176—2016）的有关规定。

　　3. 海岸环境和海风环境宜根据当地情况，考虑主导风向及结构所处迎风、背风部位等因素的影响，由调查研究和工程经验确定。

　　4. 受除冰盐影响环境是指受到冰盐雾影响的环境；受除冰盐作用环境是指被除冰盐溶液溅射的环境以及使用除冰盐地区的洗车房、停车楼等建筑。

　　5. 暴露的环境是指混凝土结构表面所处的环境。

（2）混凝土保护层的最小厚度

1）构件中受力钢筋的保护层厚度（钢筋外边缘至构件表面的距离）不应小于钢筋的公称直径。设计使用年限为50年的混凝土结构，最外层钢筋的保护层厚度应符合表3-2的规定。

表 3-2　纵向受力钢筋的混凝土保护层最小厚度　（单位：mm）

环境类别	一	二 a	二 b	三 a
板、墙、壳	15	20	25	30
梁、柱、杆	20	25	35	40

注：1. 混凝土强度等级不大于 C25 时，表中保护层厚度数值增加 5mm。

2. 钢筋混凝土基础宜设置混凝土垫层，基础中钢筋的保护层厚度应从垫层顶面算起，且不应小于 40mm。

2）当有充分依据并采取下列有效措施时，可适当减小混凝土保护层的厚度。

① 构件表面有可靠的防护层。

② 采用工厂化生产的预制构件。

③ 在混凝土中掺加阻锈剂或采用阴极保护处理等防锈措施。

④ 当地下室墙体采取可靠的建筑防水做法或防护措施时，与土层接触一侧钢筋的保护层厚度可适当减小，但不应小于 25mm。

3）当梁、柱、墙中纵向受力钢筋的混凝土保护层厚度大于 50mm 时，宜对保护层采取有效的构造措施。当在保护层内配置防裂、防剥落的钢筋网片时，钢筋网片的保护层厚度不应小于 25mm，其直径不宜大于 8mm，间距不应大于 150mm。对于梁，网片应配置在梁底和梁侧，梁侧的钢筋网片应延伸至梁的 2/3 处，两个方向上表层钢筋网片的截面面积均不应小于相应混凝土保护层（图 3-1 中阴影部分）面积的 1%。

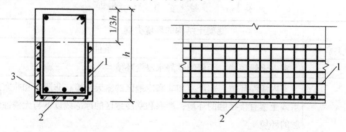

图 3-1　配置表层钢筋网片的构造要求

1—梁侧表层钢筋网片　2—梁底表层钢筋网片　3—配置钢筋网片区域

4）特殊条件下的混凝土保护层。

① 设计使用年限为 100 年的混凝土结构，最外层钢筋的混凝土保护层厚度不应小于表 3-2 数值的 1.4 倍。

② 机械连接套筒的保护层厚度宜满足有关钢筋最小保护层厚度的规定。

③ 防水混凝土结构钢筋保护层厚度应根据结构的耐久性和工程环境选用，迎水面钢筋保护层厚度不应小于 50mm。

2. 钢筋锚固

1）当计算中充分利用钢筋的抗拉强度时，受拉钢筋的锚固长度按式（3-1）~式（3-3）计算，其数值不应小于表 3-3 中规定的数值，且不应小于 200mm。

钢筋
$$l_{ab} = \alpha \frac{f_y}{f_t} d \qquad (3-1)$$

预应力筋
$$l_{ab} = \alpha \frac{f_{py}}{f_t} d \qquad (3-2)$$

$$l_a = \zeta_a l_{ab} \qquad (3-3)$$

式中 l_{ab}——受拉钢筋的基本锚固长度;

l_a——受拉钢筋的锚固长度,不应小于 $15d$,且不小于 $200mm$;

f_y、f_{py}——钢筋、预应力筋的抗拉强度设计值;

f_t——混凝土轴心抗拉强度设计值;当混凝土强度等级高于 C60 时,按 C60 取值;

d——钢筋的公称直径;

ζ_a——锚固长度修正系数,多个系数可以连乘计算;

α——锚固钢筋的外形系数,对光圆钢筋、带肋钢筋、螺旋肋钢丝、三股钢铰线、七股钢铰线,其值分别为 0.16、0.14、0.13、0.16、0.17。

表 3-3 受拉钢筋的最小锚固长度 l_a （单位：mm）

混凝土强度	钢筋直径	钢筋规格							
		HPB235	HPB300	HRB335		HRB400		HRB500	
		普通钢筋	普通钢筋	普通钢筋	环氧树脂涂层钢筋	普通钢筋	环氧树脂涂层钢筋	普通钢筋	环氧树脂涂层钢筋
C20	$d \leqslant 25$	$31d$	$39d$	$38d$	$48d$	—	—	—	—
	$d > 25$	$31d$	$39d$	$42d$	$53d$	—	—	—	—
C25	$d \leqslant 25$	$27d$	$34d$	$33d$	$42d$	$40d$	$50d$	$48d$	$60d$
	$d > 25$	$27d$	$34d$	$37d$	$46d$	$44d$	$55d$	$53d$	$66d$
C30	$d \leqslant 25$	$24d$	$30d$	$29d$	$37d$	$33d$	$44d$	$43d$	$54d$
	$d > 25$	$24d$	$30d$	$33d$	$41d$	$39d$	$48d$	$47d$	$59d$
C35	$d \leqslant 25$	$22d$	$28d$	$27d$	$34d$	$33d$	$40d$	$39d$	$49d$
	$d > 25$	$22d$	$28d$	$30d$	$37d$	$36d$	$44d$	$43d$	$54d$
C40	$d \leqslant 25$	$20d$	$25d$	$25d$	$31d$	$29d$	$37d$	$36d$	$49d$
	$d > 25$	$20d$	$25d$	$28d$	$34d$	$33d$	$41d$	$40d$	$50d$
C45	$d \leqslant 25$	$19d$	$24d$	$23d$	$29d$	$28d$	$35d$	$34d$	$43d$
	$d > 25$	$19d$	$24d$	$26d$	$32d$	$31d$	$39d$	$38d$	$47d$
C50	$d \leqslant 25$	$18d$	$23d$	$22d$	$28d$	$27d$	$33d$	$32d$	$40d$
	$d > 25$	$18d$	$23d$	$25d$	$31d$	$30d$	$37d$	$36d$	$45d$
C55	$d \leqslant 25$	$18d$	$22d$	$21d$	$27d$	$26d$	$32d$	$31d$	$39d$
	$d > 25$	$18d$	$22d$	$24d$	$30d$	$29d$	$36d$	$35d$	$43d$
$\geqslant$C60	$d \leqslant 25$	$17d$	$21d$	$21d$	$26d$	$25d$	$31d$	$30d$	$38d$
	$d > 25$	$17d$	$21d$	$23d$	$29d$	$28d$	$34d$	$33d$	$41d$

注：1. 当光圆钢筋受拉时,其末端应做180°弯钩,弯后平直段长度不应小于 $3d$;当为受压时,可不做弯钩。

2. 混凝土结构中的纵向受压钢筋,当计算中充分利用其抗压强度时,锚固长度不应小于相应受拉锚固长度的70%。

3. d 为锚固钢筋的直径。

2) 当符合下列条件时,表 3-3 的锚固长度应进行修正。

① 当钢筋在混凝土施工过程中易受扰动（如滑模施工）时,其锚固长度应乘以修正系数 1.10。

② 当纵向受力钢筋的实际配筋面积大于其设计计算面积时，其锚固长度修正系数取设计计算面积与实际配筋面积的比值，但对有抗震设防要求及直接承受动力荷载的结构构件，不应考虑此项修正。

③ 锚固钢筋的保护层厚度为 $3d$ 时，修正系数可取 0.80，保护层厚度为 $5d$ 时，修正系数可取 0.70，中间按内插取值。此处 d 为锚固钢筋的直径。

④ 当纵向受拉普通钢筋末端采用弯钩或机械锚固措施时（图 3-2），锚固长度修正系数取 0.60。

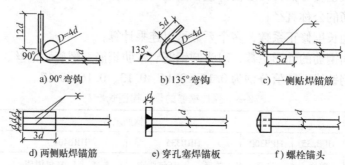

a) 90°弯钩   b) 135°弯钩   c) 一侧贴焊锚筋

d) 两侧贴焊锚筋   e) 穿孔塞焊锚板   f) 螺栓锚头

图 3-2　钢筋机械锚固的形式及构造要求

采用机械锚固措施时，焊缝和螺纹长度应满足承载力要求，螺栓锚头和焊接锚板的承压净面积不应小于锚固钢筋截面积的 4 倍；螺栓锚头的规格应符合标准的要求；螺栓锚头和焊接锚板的钢筋净间距不宜小于 $4d$，否则应考虑群锚效应对锚固的不利影响；截面角部的弯钩和一侧贴焊锚筋的布筋方向宜向截面内侧偏置。受压钢筋不应采用末端弯钩和一侧贴焊锚筋的锚固措施。

3）当锚固钢筋的保护层厚度不大于 $5d$ 时，锚固长度范围内应配置横向构造钢筋，其直径不应小于 $d/4$；对梁、柱、斜撑等构件，构造钢筋间距不应大于 $5d$，对板、墙等平面构件，构造钢筋间距不应大于 $10d$，且均不大于 100mm。此处 d 为锚固钢筋的直径。

4）承受动力荷载的预制构件，应将纵向受力钢筋末端焊接在钢板或角钢上，钢板或角钢应可靠地锚固在混凝土中。钢板或角钢的尺寸应按计算确定，其厚度不宜小于 10mm。其他构件中的受力普通钢筋的末端也可通过焊接钢板或型钢实现锚固。

3. 钢筋连接

（1）接头使用规定

1）绑扎搭接宜用于受拉钢筋直径不大于 25mm 以及受压钢筋直径不大于 28mm 的连接；轴心受拉及小偏心受拉杆件（如桁架和拱的拉杆）的纵向受力钢筋不得采用绑扎搭接。

2）细晶粒热轧带肋钢筋以及直径大于 28mm 的带肋钢筋，其焊接应经试验确定；余热处理钢筋不宜焊接。

3）直接承受动力荷载的结构构件中，其纵向受拉钢筋不得采用绑扎搭接接头，也不宜采用焊接接头，除端部锚固外不得在钢筋上焊有附件。当直接承受起重机荷载的钢筋混凝土吊车梁、屋面梁及屋架下弦的纵向受拉钢筋采用焊接接头时，应采用闪光对焊，并去掉接头的毛刺及卷边。

4）混凝土结构中受力钢筋的连接接头宜设置在受力较小处；在同一根受力钢筋上宜少设接头。在结构的重要构件和关键传力部位，纵向受力钢筋不宜设置连接接头。

5）同一构件中，相邻纵向受力钢筋的绑扎搭接接头或机械连接接头宜相互错开，焊接接头应相互错开。

（2）接头面积允许百分率

1）钢筋绑扎搭接接头连接区段的长度为 $1.3l_l$（l_l 为搭接长度），凡搭接接头中点位于该连接区段长度内的搭接接头，均属于同一连接区段（图 3-3）。同一连接区段内，纵向受拉钢筋搭接接头面积百分率应符合设计要求；当设计无具体要求时，应符合下列规定。

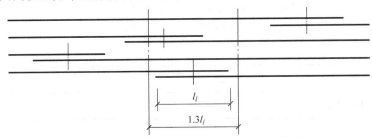

图 3-3　同一连接区段内的纵向受拉钢筋绑扎搭接接头

① 对梁类、板类及墙类构件，不宜大于 25%。

② 对柱类构件，不宜大于 50%。

③ 当工程中确有必要增大接头面积百分率时，对梁类构件不应大于 50%；对板、墙、柱及预制构件的拼接处，可根据实际情况放宽。

④ 纵向受压钢筋搭接接头面积百分率，不宜大于 50%。

⑤ 并筋采用绑扎连接时，应按每根单筋错开搭接的方式连接。接头面积百分率应按同一连接区段内所有的单根钢筋计算。

2）钢筋机械连接接头连接区段的长度为 $35d$（d 为连接钢筋的较小直径）。凡接头中点位于该连接区段长度内的机械连接接头，均属于同一连接区段。同一连接区段内，纵向受力钢筋的接头面积百分率应符合设计要求；当设计无具体要求时，应符合下列规定。

① 纵向受拉钢筋接头面积百分率不宜大于 50%，但对板、墙、柱及预制构件的拼接处，可根据实际情况放宽。纵向受压钢筋的接头百分率不受限制。

② 设置在有抗震设防要求的框架梁端、柱端的箍筋加密区的机械连接接头，不应大于 50%。

③ 直接承受动力荷载的结构构件中，当采用机械连接接头时，不应大于 50%。

3）钢筋焊接接头连接区段的长度为 $35d$（d 为连接钢筋的较小直径）且不小于 500mm。凡接头中点位于该连接区段长度内的焊接接头，均属于同一连接区段。纵向受拉钢筋接头面积百分率不宜大于 50%，但对预制构件的拼接处，可根据实际情况放宽。纵向受压钢筋的接头百分率不受限制。

4）当直接承受起重机荷载的钢筋混凝土吊车梁、屋面梁及屋架下弦的纵向受拉钢筋必须采用焊接接头时，接头面积百分率不应大于 25%，焊接接头连接区段的长度应取为 $45d$（d 为纵向受力钢筋的较大直径）。

（3）绑扎接头搭接长度

1）纵向受拉钢筋绑扎搭接接头的搭接长度，应根据位于同一连接区段内的钢筋搭接接头面积百分率，按表 3-4 中的公式计算，且不应小于 300mm。

表3-4 纵向受拉钢筋绑扎搭接长度计算表

纵向受拉钢筋绑扎搭接长度 l_l（或 l_{lE}）	
抗震	非抗震
$l_{lE} = \zeta_l l_{aE}$	$l_l = \zeta_l l_a$

注：1. 当不同直径钢筋搭接时，其值按较小的直径计算。

2. 并筋中钢筋的搭接长度应按单筋分别计算。

3. 式中 ζ_l 为搭接长度修正系数，按表3-5取用，中间值按内插取值。

4. l_a 表示受拉钢筋锚固长度，l_{aE} 表示受拉钢筋抗震锚固长度，单位均为 mm。

表3-5 纵向受拉钢筋搭接长度修正系数

纵向钢筋搭接接头面积百分率（%）	≤25	50	100
搭接长度修正系数 ζ_l	1.2	1.4	1.6

2）构件中的纵向受压钢筋，当采用搭接连接时，其受压搭接长度不应小于纵向受拉钢筋搭接长度的0.7倍，且不应小于200mm。

3）在梁、柱类构件的纵向受力钢筋搭接长度范围内，应按设计要求配置横向构造钢筋。当设计无具体要求时，应符合下列规定。

① 构造钢筋直径不应小于搭接钢筋较大直径的0.25倍。

② 对梁、柱、斜撑等构件，构造钢筋间距不应大于5d，对板、墙等平面构件，构造钢筋间距不应大于10d，且均不大于100mm。此处 d 为搭接较大钢筋的直径。

③ 当受压钢筋直径大于25mm时，应在搭接接头两个端面外100mm范围内各设置两道箍筋。

引导问题2：如何编制与填写钢筋混凝土工程隐蔽验收记录？

运用知识：隐蔽工程项目是指本工序操作完毕，将被下道工序所掩盖、包裹而完工后无法检查的工序项目。隐蔽工程验收记录是对隐蔽工程项目，特别是关系到结构安全性能和使用功能的重要部位或项目，在隐蔽前进行检查，确认是否达到隐蔽条件而做出的记录资料。

1）所有隐蔽工程项目在隐蔽前都必须进行隐蔽工程验收。

2）隐蔽工程验收需按相应专业规范规定执行，隐蔽内容应符合设计图样及规范要求。

3）隐蔽工程验收由施工项目部的技术负责人提出，并提前向项目监理部报验。验收后由参验人员签字盖章后方为有效。

4）钢筋混凝土工程隐蔽验收记录内容包括纵向、横向钢筋及箍筋的品种、规格、形状、尺寸、数量及位置；钢筋连接方式的数量、接头面积百分率情况；钢筋除锈、代换情况；预埋件数量及位置；绑扎及保护层情况；墙板销子铁、阳台尾部处理；板缝灌注及胡子筋处理。

5）隐蔽工程项目施工完毕后，施工单位应进行自检；自检合格后，申报建设（监理）单位会同施工单位共同对隐蔽工程项目进行检查验收。

6）隐蔽工程验收记录应符合国家相关标准的规定。施工单位填写的隐蔽工程验收记录应一式四份，并应由建设单位、监理单位、施工单位、城建档案馆各保存一份。隐蔽工程验收记录宜采用表3-6的格式示例。

表 3-6　隐蔽工程验收记录（通用）

工程名称	×××办公楼	编号	02－01－05－×××
隐检项目	钢筋安装	隐检日期	20××年10月10日
隐检部位	基础底板　层①~⑩轴线，标高－7.12m		

隐检依据：施工图号结施－1、结施－3，设计变更/洽商/技术核定单/（编号）及有关国家现行标准等

主要材料名称及规格/型号：𝜱25、𝜱22、𝜱16、𝜱14、𝜱12、𝜱10、𝜱8

隐检内容：

1. 钢筋有出厂合格证和质量证明文件，钢筋原材复试报告合格

2. 基础底板钢筋保护层：下部钢筋40mm，上部钢筋25mm；地下室外墙外侧钢筋50mm，外墙内侧钢筋15mm；内墙钢筋保护层15mm；下部钢筋保护层采用预制水泥垫块，外墙外侧钢筋采用塑料卡圈

3. 马镫间距1500mm，平行成排布置

4. 基础底板板厚600mm，钢筋双层双向。X：下铁𝜱20@200mm，上铁𝜱22@200mm；Y：下铁𝜱20@200mm，上铁𝜱22@200mm。双排双向间距均匀。上铁弯钩平直长度为500mm。后浇带处加筋上下铁均为𝜱25@200

5. 墙插筋：𝜱16@200 锚固长度为29d，即464mm；𝜱20@200、𝜱22@200 锚固长度34d，即𝜱20 为680mm、𝜱22 为750mm；水平筋𝜱14@200、𝜱16@200，搭接长度29d×1.2，即𝜱14 为490mm、𝜱16 为560mm。拉筋𝜱10@400。墙体钢筋下部弯折10d水平段，即𝜱14 为140mm、𝜱20 为200mm、𝜱22 为220mm，竖向锚固插至板底筋上部，上部错开接头，错开率50%，错开净距500mm

6. 柱插筋采用𝜱25，箍筋为𝜱10，底板内上中下三道，柱钢筋水平弯头10d，即为250mm，竖向插至板底筋上部，上部接头区错开50%，错开净距35d，即为880mm

7. 主梁：主筋为𝜱25 钢筋，箍筋采用𝜱12 钢筋，间距150mm。

8. 绑扎丝扣全部采用"八"字扣绑扎，绑扎丝头朝内，钢筋表面洁净，无附着物及锈蚀

检查结论：

1. 钢筋品种、级别、规格、数量、位置、间距符合设计要求

2. 钢筋绑扎安装质量牢固，无漏扣现象，观感符合要求

3. 墙体定位梯子筋各部位尺寸及间距准确并与主筋绑牢

4. 钢筋无锈蚀、无污染，进场复试合格

√　同意隐蔽　　□不同意隐蔽，修改后复查

复查结论：

复查人：　　　　　　　　复查日期：

签字栏	施工单位	×××建设集团有限公司	专业技术负责人	专业质检员	专业工长
			×××	×××	×××
	监理或建设单位	×××监理公司	专业工程师	×××	

引导问题3：如何编制与填写钢筋混凝土工程施工技术交底记录？

运用知识：

1）钢筋混凝土工程施工技术交底内容。钢筋混凝土工程施工技术交底就是向参与其施工的人员对钢筋混凝土工程施工中的工作内容（包括组织、操作、质量、安全等）的要求、标准、方法、计划、措施等进行讲解和交代，使其熟悉和了解所承担钢筋混凝土工程的特点、设计意图、技术要求、施工工艺及应注意的问题。

2）模板工程技术交底的主要内容是：模板种类选择、放线、安装、验收。

3）钢筋工程技术交底的主要内容是：钢筋进场验收、存放、加工制作、安装、成品保护。

4）混凝土工程技术交底的主要内容是：材料验收、存放、混凝土制备或商品混凝土验

收、混凝土浇筑、养护、成品保护。

5）钢筋混凝土工程施工技术交底是施工企业管理的一项重要环节和制度，是把设计要求、施工措施、安全技术措施贯彻到基层实际操作人员的一项技术管理方法。施工单位填写的技术交底记录应一式一份，并由施工单位自行保存。技术交底记录资料详见表3-7。

表 3-7　钢筋混凝土工程施工技术交底记录

工程名称	×××办公楼	编号	01－02－C2－001
		交底日期	20××年×月×日
施工单位	×××建设集团有限公司	分项工程名称	框架柱、梁、板混凝土浇筑
交底摘要	框架柱、梁、板混凝土浇筑	页数	共×页，第×页

交底内容：框架柱、梁、现浇板楼梯混凝土浇筑交底

一、材料要求

商品混凝土：配合比通知单，混凝土运输单等

二、主要机具

插入式振捣器、木抹子、平锹、平板振动器等

三、作业条件

1. 浇筑混凝土层段的模板、钢筋、预埋铁件、管线等全部安装完毕，经检查符合设计要求，并办完隐、预检手续

2. 浇筑混凝土用的架子及马道已支搭完毕并经检查合格

四、工艺流程

作业准备→柱、梁、板、剪力墙、楼梯混凝土浇筑与振捣→养护

五、操作工艺

（一）作业准备

1. 浇筑前应将模板内的垃圾、泥土等杂物及钢筋上的油污清除干净，并检查钢筋的保护层垫块是否垫好，是否符合规范要求

2. 如使用木模板时应浇水使模板湿润，柱模板的扫除口应在清除杂物及积水后再封闭

3. 施工缝的松散混凝土及混凝土软弱层已剔除清净，露出石子，并浇水湿润，无明水

4. 梁、柱钢筋的钢筋定距框已安装完毕，并经过隐、预检

（二）混凝土浇筑与振捣的一般要求

1. 混凝土自吊斗口下落的倾落高度不得超过 2m，如超过 2m 必须采取相应措施

2. 浇筑混凝土时应分段分层连续进行，浇筑层高度应根据混凝土的供应能力、混凝土体积、初凝时间、结构特点及钢筋疏密来考虑决定，一般为振捣器长度的 1.25 倍

3. 使用插入式振捣器应快插慢拔，插点要均匀排列，逐点移动，顺序进行，不得遗漏，做到均匀振实。移动间距不大于振捣作用半径的 1.25 倍（300～400mm），振捣上一层时应插入下层 5～10cm，以使两层混凝土结合牢固。振动棒不得触及钢筋和模板，平板振动器的移动间距，应保证其平板覆盖已振实部分的边缘

4. 浇筑应连续进行，如必须间歇尽量缩短间歇时间，并应在前层混凝土初凝前将次层浇筑完毕，如超过 2h 应按施工缝处理

5. 浇筑混凝土时应经常观察模板、钢筋、预留孔洞、预埋件和插筋等有无移动、变形或堵塞情况，发现问题应立即处理，并应在已浇筑的混凝土初凝前修正完好

（三）柱混凝土浇筑

1. 柱浇筑前底部应先填 5～10cm 厚与混凝土相同配合比的砂浆，然后分层浇筑振捣，使用插入式振捣器时每层厚度不大于 50cm，振捣棒不得触动钢筋和预埋件

2. 分段浇筑时在模板侧面开洞安装斜溜槽，每段不得超过 2m，每段浇筑后将洞口封闭严实，并箍牢

3. 柱混凝土应一次浇筑完毕，如需留施工缝则应留在主梁下面，在与梁板整体浇筑时，应在柱浇筑完毕后停歇 1～1.5h，使其初步沉实，再继续浇筑

4. 浇筑完后，应及时将伸出的搭接钢筋整理到位

（续）

（四）梁、板混凝土浇筑

1. 梁、板应同时浇筑，浇筑方法应由一端开始用赶浆法，即先浇筑梁，根据梁高分层浇筑成阶梯形，当达到板底位置时再与板混凝土一起浇筑

2. 梁、柱节点钢筋较密时，应采用细石混凝土浇筑，并用小直径振捣棒振捣

3. 浇筑板混凝土的虚铺厚度应略大于板厚，用插入式振捣器或平板振捣器来回振捣，并用铁插尺检查厚度，振捣完毕后用长木抹子抹平。施工缝处或有预埋件及插筋处用木抹子找平

（五）养护

混凝土浇筑完毕后，应在12h内加以覆盖和浇水，浇水次数应能保持混凝土有足够的湿润状态，养护期一般不少于7d

六、成品保护

1. 要保证钢筋和垫块的位置正确，不得踩楼板的分布筋、弯起钢筋，不碰动预埋件和插筋。在楼板上搭设浇筑混凝土使用的跑道时，保证楼板钢筋的负弯矩钢筋的位置

2. 不得用重物冲击模板，不在梁或侧模板上踩踏，应搭设跳板，保持模板的牢固和严密

签字栏	交底人	×××	审核人	×××
	接受交底人	陈××、张××、李××、汤××、杨××		

二、教师审查每个小组工作方案并提出整改建议

整改建议记录：

三、各小组进一步优化方案并确定最终工作方案

最终工作方案记录：

 实践成果

1. 实践作业

独立完成钢筋混凝土工程隐蔽验收记录表（表3-8）和钢筋混凝土工程施工技术交底记录表（表3-9）。

2. 工作情境模拟操作

扮演交底人向接受交底人进行钢筋混凝土工程施工技术交底记录。

表 3-8　钢筋混凝土工程隐蔽验收记录表（通用）

工程名称		编号	
隐检项目		隐检日期	
隐检部位		层轴线，标高	

隐检依据：施工图号，设计变更/洽商/技术核定单/（编号）及有关国家现行标准等

主要材料名称及规格/型号：

隐检内容：

检查结论：

　　□同意隐蔽　　　　□不同意隐蔽，修改后复查

复查结论：

复查人：　　　　　　　复查日期：

签字栏	施工单位		专业技术负责人	专业质检员	专业工长
	监理或建设单位			专业工程师	

表 3-9　钢筋混凝土工程施工技术交底记录表

工程名称		编号	
		交底日期	年　月　日
施工单位		分项工程名称	
交底摘要		页数	共　页，第　页

交底内容：

签字栏	交底人		审核人	
	接受交底人			

钢筋混凝土工程施工进度计划编制

知识点：

1. 钢筋混凝土工程施工人力、施工机械、运输的选择和配备。
2. 钢筋混凝土工程施工工期管理措施。
3. 钢筋混凝土工程施工进度计划。

能力（技能）点：

1. 能够根据施工交底协调施工机械、人力、运输进行钢筋混凝土工程施工。
2. 能够按照已知工程量编制钢筋混凝土工程施工进度计划。

实践目的

1）以实际应用为主，培养钢筋混凝土工程施工进度计划编制的实际操作能力。

2）通过实际钢筋混凝土工程具体操作训练，获得生产技能和施工方面的相关实际知识，理解并系统掌握钢筋混凝土工程施工人力、机械、运输的选择和配备的主要内容，并能够根据施工交底协调施工机械、人力、运输进行钢筋混凝土工程施工。

3）理解并系统掌握钢筋混凝土工程施工工期管理措施、施工进度计划的主要内容，并能够按照已知工程量编制钢筋混凝土工程施工进度计划。

实践分解任务

1）根据施工实际情况进行钢筋混凝土工程施工人力、机械、运输的选择和配备。
2）根据施工实际情况制订钢筋混凝土工程施工工期管理措施。
3）根据施工实际情况编制钢筋混凝土工程施工进度计划。

实践分组

以小组为单位（6~8人为一组），在规定时间内完成以上内容。

实践场地

实训室、机房。

实践实施过程

一、提出工作计划和方案

引导问题1：钢筋混凝土工程施工进度计划的编制内容和步骤是什么？

运用知识：

1. 划分施工过程

编制钢筋混凝土工程施工进度计划时，首先应按施工图样和施工顺序，把拟建钢筋混凝土工程分解为若干个施工过程，再进行有关内容的计算和设计。施工过程划分应考虑下述要求。

（1）施工过程划分的粗细程度　施工过程划分的粗细程度主要根据钢筋混凝土工程施工进度计划的作用来确定。

对于控制性施工进度计划，其施工过程的划分可以粗一些，一般可按分部工程划分施工过程，如开工前准备、桩基础工程、基础工程、主体结构工程、屋面防水工程、装饰工程等。

对于指导性施工进度计划，其施工过程的划分可以细一些，要求每个分部工程所包括的主要分项工程均应列出，起到指导施工的作用。

（2）施工过程划分不宜太细，应简明清晰　为了使计划简明清晰、突出重点，一些次要的施工过程应合并到主要施工过程中去，如基础防潮层可合并到基础施工过程内；有些虽然重要但是工程量不大的施工过程也可与相邻的施工过程合并，如油漆和玻璃安装可合并为一项；同一时期由同一工种施工的施工项目也可合并在一起。

（3）施工过程的划分应考虑施工工艺和施工方案的要求

1）划分施工过程应考虑施工工艺要求。现浇钢筋混凝土施工，一般可分为支模、绑扎钢筋、浇筑混凝土等施工过程，是合并还是分别列项，应视工程施工组织、工程量、结构性质等因素研究确定。一般现浇钢筋混凝土框架结构的施工应分别列项，而且可分得细一些，如绑扎柱钢筋，安装柱模板，浇捣柱混凝土，安装梁、板模板，绑扎梁、板钢筋，浇捣梁、板混凝土，养护，拆模等施工过程。但在现浇钢筋混凝土工程量不大的工程中，一般不再细分，可合并为一项，如砌体结构工程中的现浇雨篷、圈梁等，即可列为一项，由施工班组的各工种互相配合施工。

2）划分施工过程应考虑所选择的施工方案。厂房基础采用敞开式施工方案时，柱基础和设备基础可合并为一个施工过程；采用封闭式施工方案时，则必须列出柱基础、设备基础这两个施工过程。

3）住宅建筑的水、暖、煤、卫、电等房屋设备安装是建筑工程的重要组成部分，应单独列项；工业厂房的各种机电等设备安装也要单独列项，但不必细分，可由专业队或设备安装单位单独编制其施工进度计划。土建施工进度计划中列出设备安装的施工过程，表明其与土建施工的配合关系。

（4）明确施工过程对施工进度的影响程度　根据对工程进度的影响程度不同，施工过程可分为三类：第一类为资源驱动的施工过程，这类施工过程直接在拟建工程上进行作业（如墙体砌筑、现浇混凝土等），占用时间、资源，对工程的完成与否起着决定性的作用，在条件允许的情况下，可以缩短或延长其工期；第二类为辅助性施工过程，它一般不占用拟建工程的工作面，虽需要一定的时间和消耗一定的资源，但不占用工期，故可不列入施工计划内，如交通运输、场外构件加工或预制等；第三类施工过程虽直接在拟建工程上进行作业，但其工期不以人的意志为转移，随着客观条件的变化而变化，应根据具体情况将其列入施工计划，如混凝土的养护等。

2. 计算工程量

当确定了施工过程之后，应计算每个施工过程的工程量。工程量应根据施工图样、工程量计算规则及相应的施工方法进行计算，即按工程的几何形状进行计算。如果施工图预算已经编制，一般可以采用施工图预算的数据，但有些项目应根据实际情况做适当的调整。计算工程量时应注意以下几个问题。

（1）注意工程量的计算单位　每个施工过程的工程量计量单位应与采用的施工定额计量单位相一致。这样，在计算劳动量、材料消耗量及机械台班量时就可直接套用施工定额，不需再进行换算。

（2）注意采用的施工方法　计算工程量时，应与采用的施工方法相一致，以便计算的工程量与施工的实际情况相符合。例如，土方工程中，应明确挖土方是否放坡，坡度是多少，是否需增加开挖工作面。当上述因素不同时，土方开挖工程量也不同。

（3）正确取用预算文件中的工程量　如果编制单位工程施工进度计划时，已编制出预算文件（施工图预算或施工预算），则工程量可从预算文件中抄出并汇总。但是，施工进度计划中某些施工过程与预算文件的内容不同或有出入时（如计量单位、计算规则、采用的定额等），则应根据施工实际情况加以修改、调整或重新计算。

3. 套用建筑工程施工定额

确定了施工过程及其工程量之后，即可套用建筑工程施工定额（当地实际采用的劳动定额及机械台班定额），以确定劳动量和机械台班量。

在套用国家或当地颁布的定额时，必须注意结合本单位工人的技术等级、实际操作水平、施工机械情况和施工现场条件等因素，确定定额的实际水平，使计算出来的劳动量、机械台班量等符合实际需要。

4. 计算劳动量和机械台班量

劳动量和机械台班量可根据各分部分项工程的工程量、施工方法和施工定额来确定。一般计算公式为

$$p_i = \frac{Q_i}{S_i} = Q_i H_i \tag{3-4}$$

式中　p_i——某分项工程的劳动量或机械台班量［工日（台班）］；

Q_i——某分项工程的工程量（m^3、m^2、m、t 等）；

S_i——某分项工程计划产量定额［m^3/工日（台班）等］；

H_i——某分项工程计划时间定额［工日（台班）/m^3 等］。

当某一施工过程由两个或两个以上不同分项工程合并而成时，其总劳动量应按以下公式计算。

$$p_总 = \sum_{i=1}^{n} p_i = p_1 + p_2 + \cdots + p_n \tag{3-5}$$

当某一施工过程由同一工种，但不同做法、不同材料的若干个分项工程合并组成时，应按式（3-6）和式（3-7）计算其综合产量定额，再求其劳动量。

$$\bar{S} = \frac{\sum_{i=1}^{n} Q_i}{\sum_{i=1}^{n} p_i} = \frac{Q_1 + Q_2 + \cdots + Q_n}{p_1 + p_2 + \cdots p_n} = \frac{Q_1 + Q_2 + \cdots + Q_n}{\dfrac{Q_1}{S_1} + \dfrac{Q_2}{S_2} + \cdots + \dfrac{Q_n}{S_n}} \tag{3-6}$$

$$\bar{H} = \frac{1}{S} \tag{3-7}$$

式中　　$\bar{S}$——某施工过程的综合产量定额［m^3/工日（台班）等］；

$\bar{H}$——某施工过程的综合时间定额［工日（台班）/m^3等］；

$\sum_{i=1}^{n} p_i$——总劳动量［工日（台班）］；

$$\sum_{i=1}^{n} Q_i$$ ——总工程量（m^3、m^2、m、t 等）；

Q_1，Q_2，$\cdots$，Q_n——同一施工过程各分项工程的工程量（m^3、m^2、m、t 等）；

S_1，S_2，$\cdots$，S_n——同一施工过程各分项工程的产量定额〔工日（台班）/m^3 等〕。

5. 确定各施工过程的持续时间

施工过程持续时间的确定方法有三种：经验估算法、定额计算法和倒排计划法。

（1）经验估算法　经验估算法是先估计出完成该施工过程的最乐观时间、最悲观时间和最可能时间三种施工时间，再根据公式计算出该施工过程的持续时间。这种方法适用于新结构、新技术、新工艺、新材料等无定额可循的施工过程。计算公式为

$$D = \frac{A + 4B + C}{6} \tag{3-8}$$

式中　D——施工过程的持续时间；

　　　A——最乐观的时间估算（最短的时间）；

　　　B——最可能的时间估算（正常的时间）；

　　　C——最悲观的时间估算（最长的时间）。

（2）定额计算法　定额计算法是根据施工过程需要的劳动量或机械台班量，以及配备的劳动人数或机械台班，确定施工过程持续时间。计算公式为

$$D = \frac{P}{N \times R} \tag{3-9}$$

$$D_{机械} = \frac{P_{机械}}{N_{机械} \times R_{机械}} \tag{3-10}$$

式中　D——手工操作为主的施工过程持续时间（d）；

　　　P——手工操作为主的施工过程所需的劳动量（工日）；

　　　R——手工操作为主的施工过程所配备的施工班组人数（人）；

　　　N——手工操作为主的施工过程每天采用的工作班数（班）；

　　$D_{机械}$——某机械施工为主的施工过程持续时间（d）；

　　$P_{机械}$——机械施工为主的施工过程所需的机械台班数（台班）；

　　$R_{机械}$——机械施工为主的施工过程所配备的机械台班数（台）；

　　$N_{机械}$——机械施工为主的施工过程每天采用的工作班数（班）。

在实际工作中，施工班组人数或机械台班数，必须结合施工现场的具体条件、最小工作面、最小劳动组合人数的要求、机械施工的工作面大小、机械效率、机械必要的停歇维修与保养时间等因素才能确定。

（3）倒排计划法　倒排计划法是根据施工的工期要求，先确定施工过程的持续时间、工作班制，再确定施工班组人数或机械台数。计算公式为

$$R = \frac{P}{N \times D} \tag{3-11}$$

$$R_{机械} = \frac{P_{机械}}{N_{机械} \times D_{机械}} \tag{3-12}$$

通常计算时首先按一班制考虑，若算得的工人数或机械台班数超过施工单位能提供的数量，或超过工作面能容纳的数量时，可增加工作班次或采取其他措施（如组织平行立体交叉流水施工），使每班投入的人数或机械台班数减少到可能更合理的范围内。

6. 编制施工进度计划的初步方案

下面以横道图为例来说明。上述各项计算内容确定之后，即可编制施工进度计划的初步方案。一般的编制方法如下。

（1）根据施工经验直接安排的方法 这种方法是根据经验资料及有关计算，直接在进度表上画出进度线。其一般步骤是：首先安排主导施工过程的施工进度，组织主导施工过程流水施工，连续施工；然后再安排其余施工过程，这些施工过程应尽可能配合主导施工过程并最大限度地搭接，形成施工进度计划的初步方案。总的原则是应使每个施工过程尽可能早地投入施工。

（2）按工艺组合组织流水的施工方法 这种方法就是先按各施工过程（即工艺组合流水）初排流水进度线，然后将各工艺组合最大限度地搭接起来。

无论采用上述哪一种方法编排进度，都应注意以下问题。

1）每个施工过程的施工进度线都应用横道粗实线段表示（初排时可用铅笔细线表示，待检查调整无误后再加粗）。

2）每个施工过程的进度线所表示的时间（d）应与计算确定的持续时间一致。

3）每个施工过程的施工起止时间应根据施工工艺顺序及组织顺序确定。

7. 检查与调整施工进度计划

施工进度计划初步方案编制以后，应根据与建设单位和有关部门的要求、合同规定及施工条件等，先检查各施工过程之间的施工顺序是否合理、工期是否满足要求、劳动力等资源消耗是否均衡，然后再进行调整，直至满足要求，正式形成施工进度计划。

总的要求是：在合理的工期下尽可能地使施工过程连续施工，这样便于资源的合理安排。

引导问题2：钢筋混凝土工程的施工工期管理措施有哪些？

运用知识：

1. 以施工准备的充分性保证工期

（1）高标准做好合同及图样的会审工作 组织管理经验丰富、专业技术水平较高并与工程相适应的各类管理及技术人员，学习合同条款，熟悉设计文件，在合同条款要求的时间内，编写切实可行的实施性施工组织设计，报请审批，并采取有力措施组织实施。

（2）抓好施工准备，做到进场快、安家快、开工快 快速组织施工人员、机械设备和物资材料进场，按工作内容和计划进度配齐各项生产要素，保证"三快"，即进场快、安家快、开工快，抓住有利施工季节，实现施工进度的良好开端。

2. 以技术装备的先进性保证工期

超前组织技术攻关和技术咨询，对主要施工机械设备的选型配置提前摸底、提前研究、提前培训、提前落实。必要时邀请设备专家到施工现场进行设备方案优化、技术服务和课题攻关。

3. 以施工组织的严密性保证工期

（1）编制完善的实施性施工组织设计 以保证工程质量及进度为前提，加强施工计划的科学性、合理性。根据本工程特点，运用网络技术、系统工程原理，精心编制详细的、切实可行的实施性施工组织设计及质量计划，选择最优施工方案。

（2）岗前进行技术培训，施工做到心中有数 施工前，针对各专业工种的特点，对全体参建人员进行技术和施工工艺操作培训，学习新技术、新工艺、新材料、新设备、新方法，确保施工人员熟练掌握技术标准、施工工艺、检验检测方法、质量控制和保证措施、施工组织程序和主要机具设备性能，提高施工技术水平，不断加快施工进度。加强岗位技能培训。

（3）现场科学组织，加强计划统计管理和过程控制　建立工程管理信息系统，全面收集工程测量、工程地质、检测试验、施工进度、资源配置、工序质量等现场各项检测和安全施工方面的信息，综合分析、判定施工运行状态，针对存在问题，采取有效措施，实现施工过程有序、可控。

借鉴先进管理经验，强化计划管理。定期召开项目管理会议，协调施工各方的工作进度，及时解决设计与施工中存在的问题，使各项工作得以按计划推进；及时分析控制工期的关键线路，合理调剂人力、物力、财力和施工机械，使施工进度紧跟计划。加强调度统计工作，减少各道工序间的衔接时间，避免出现窝工现象。各业务部室协作配合，为现场施工提供有力的经济技术保障。

加强施工过程控制，对施工现场的需求和需解决的问题及时反映、及时解决。积极推广先进技术、成果，提高施工效率。

（4）开展劳动竞赛，掀起施工高潮　结合承包经营和施工生产的全过程，有针对性地做好深入细致的思想和宣传工作，充分调动一切积极因素，树立全体参建职工的工期意识和合同意识，增强职工确保进度计划、争取提前的紧迫感和责任感。

施工中适时开展劳动竞赛活动，发扬"能攻善战、敢为人先、争创一流"的精神，采取合理的奖罚措施，振奋职工精神，掀起施工高潮，加快施工进度。

（5）实行网络计划管理，优化施工组织　建立从项目经理部到各施工班组的调度指挥系统，建立动态网络管理，全面及时掌握并迅速、准确处理影响施工进度的各种问题，实现工程施工过程有序、可控。编制分阶段和月度网络计划，及时确定阶段工作重点。不断优化施工组织设计，改进提高各工序的施工工艺。

进行工序排列，搞清专业工序交叉点，制订合理的工序施工控制网络及各工序协调配合方案，并有专人专门负责专业工序交叉部位的施工协调，使专业工序交叉对施工影响减少到最小。

4. 以安全、质量的平稳性保证工期

抓质量、保安全、促进度，确保不出现安全质量事故，稳步推进，保证施工按计划进行。

1）采用先进的施工管理经验和相关专业技术，严格按照相关技术规范施工，确保工程质量。

2）建立健全各项规章制度，在场地安全、设备安全、交通安全、技术方案的科学可靠性等方面制订严密管理措施，确保施工安全。

5. 健全各项管理制度，使工程处于严格受控状态

（1）实行项目经理负责制　将本工程目标总工期及阶段性工期进行详细分解，并把各阶段性目标工期落实到各作业工班。建立和健全合同工期目标责任制。项目经理与各职能业务部门负责人、工班负责人签订工期目标责任合同，并将工期目标责任分解到每个参建职工，作为业绩考核的一项主要指标，实行工期责任考核。贻误工期首先要追究各级第一管理者的责任，从上到下，严格落实工期，确保各阶段目标工期的实现。

在工程施工实行的内部承包机制上，加大施工产值所占的比重，将合同工期目标和阶段

性工期目标作为承包的主要考核指标，进一步提高参建职工的工期责任意识。

（2）实施工程管理制度 项目经理部设专门调度人员，工程调度根据施工生产计划和安排，对施工生产活动进行调控和指挥，做好对内对外的协调工作，对施工过程中出现的问题及时传达给有关部门和人员，确保施工生产各环节、各专业、各工种之间的平衡与协调，确保项目施工按进度计划顺利实施。

（3）汇报制度 实行定期日报、旬报、月报、季报、年报和不定期汇报制度，汇报及时、真实，严禁弄虚作假。

（4）会议制度 每天召开一次工程交班会，每周召开一次调度例会，每月召开一次工程例会，以便能及时发现问题并及时处理，保证施工正常进行。

（5）检查制度 检查工程形象进度和计划执行情况、调度命令执行情况、值班记录问题的处理情况、文件资料的归档保存情况等，并及时汇报，以便根据实际情况制订计划及做好安排。

（6）内业制度 建立健全系统的调度台账，包括重点工程台账、主要项目完成情况台账、劳动力台账、主要机械设备台账、气象预报及天气晴雨登记台账、职工伤亡台账等，及时绘制各类调度示意图，包括工程进度示意图、主要工程项目完成数量示意图、重点工程形象进度示意图等。

6. 人员保证

1）调配综合技术能力强的各类施工技术人员投入到本工程。

2）按劳动力需求计划及时组织施工人员进场，施工高峰期间，劳动工资部积极做好劳动力协调和调配工作，保证劳动力满足施工进度需要。

3）节假日及农忙期间施工人员原则上不放假，工会及行政部门做好职工的思想工作，同时给施工人员一定的施工补贴，对农村籍职工再进行额外补贴，及时发现、了解并解决职工的具体困难，使职工坚守岗位，安心工作。

7. 施工技术保证

1）加强技术管理工作，精心组织施工，合理安排好施工程序和流水作业，加快施工进度，缩短施工周期。

2）科学地制订施工进度网络计划，强化计划管理，加强日进度计划控制、旬进度计划检查和月进度计划考核，以日进度促进旬进度，以旬进度保证月进度，以月进度确保总工期的实现。

3）认真进行图样预审和参加图样会审，与设计单位加强联系和沟通，抓好设计变更的落实工作。

4）单位工程装饰、安装阶段，合理组织立体交叉作业，充分利用场地、空间，加快施工进度。

5）充分利用新技术、新工艺等科技手段，加快施工进度。

6）科学地制订季节性施工方案，合理安排冬雨季施工期内的工作内容，采取可行有效的措施，确保产品质量，使工程持续和均衡进行，促进工程进度。

7）积极做好各种影响施工进度因素的预防工作，如停水、停电、风（雨）天等，采取各种积极有效的措施和手段，如配备发电机、蓄水箱、防雨布等，把不利因素降到最低。

8. 机械化水平保证

1）充分利用机械化程度高的有利条件，配备适宜的施工机械，减轻劳动强度，提高工作效率。

2）加强施工机械、设备和材料的配备、维修工作，充分保证施工进度的需要。

9. 资金保证

1）工程由项目部单独建立银行账号，单独进行经济核算，施工期内企业不动用资金或收取费用，项目资金由项目部全权控制，专款专用，确保施工中各项费用开支。

2）施工期内如建设单位资金一时发生缺口，内部银行及时给予适当解决，满足工程进度需要。

10. 物资保证

1）材料、设备等职能部门积极协助项目部做好各种物资的供应工作。

2）项目部材料、设备部门按施工预算和工程进度及时编制物资用量计划并组织采购和进场。

3）及时对进场物资进行验收和质量验证，保证合格物资投入施工。

11. 后勤工作保证

1）做好职工思想教育工作，关心群众生活，提高食堂饭菜质量，夏季做好防暑降温工作，及时供应茶水、饮料和绿豆汤，冬季做好职工宿舍的保温取暖工作。

2）搞好现场文明施工，做好工地宣传和开展各种娱乐活动，创造良好的工作和生活环境，增强职工的凝聚力，形成一个团结、紧张、奋发向上的工作局面。

3）开展劳动竞赛，建立奖励制度，精神鼓励与物质奖励相结合，激励施工管理人员和操作工人的生产劳动积极性。

12. 提前工期的措施

为防止施工过程中偶然因素的出现而影响到总工期目标的实现，施工中应采取措施，确保施工进度计划顺利实现并尽量有一些富余。

按照施工计划工期倒排，采取合理调整劳动力、机械设备、备足工程材料等措施，同时做好各作业队之间的施工协调及工程任务衔接。根据工程任务的需要组织加班作业。

有计划地增加资金投入，调节工程款使用安排，满足进度需要，确保工期目标的实现。为提前工期加大的工程款投入由施工单位承担。

如果业主要求提前完工，施工单位积极配合业主，调整施工力量与部署，重新安排施工进度，增加劳力和施工机械的投入，保证按照业主要求的工期完工。

13. 赶工措施

在施工过程中因其他原因需要提前工期，或因其他原因造成工期滞后，应采取以下赶工措施。

按照新的工期要求及时制订新的施工进度计划，工期倒排，并保留适当的富余时间，以防施工过程中偶然因素的影响，按照新的施工计划及时增加劳动力，确保满足施工生产的要求。

根据新的施工计划，及时调配新增机械设备上场，同时做好各作业队之间的施工协调及工程任务衔接。根据工程任务的需要组织加班作业。

加强全体参建员工的思想意识教育，及时召开动员大会，使每个员工意识到形势的紧迫性。开展诸如"人人争先进，事事争上游"等主题教育活动，提高全体员工的责任感和使命感。紧抓有利时机，采取有效措施，掀起施工高潮。

有计划地增加资金投入，确保工期目标的实现。

14. 工期应急预案

当出现突发事件，自然因素影响工期时，施工单位应积极与建设单位密切联系，同时加强内部沟通，调整施工进度计划及增加人、财、物、机的投入，采取一切必要手段，尽量减少因此影响的工期损失。

当出现人为突发事件影响工期时（如地方纠纷、劳务纠纷等），施工单位除依靠地方政府及建设单位的大力支持外，也应积极主动进行联系和协商，加强工程与当地关系。

引导问题3：如何编制钢筋混凝土工程施工进度计划？

运用知识：施工进度计划是在施工方案的基础上，根据规定工期和技术物资供应条件，遵循工程的施工顺序，用图表形式表示各分部分项工程搭接关系及工程开竣工时间的一种计划安排。现以某职工宿舍楼工程为例，编制钢筋混凝土工程施工进度计划。

1. 工程概况

某职工宿舍楼工程概况为：总栋数3栋，单栋占地面积168m²，建筑面积985m²，标准层面积160.1m²，层数6层，无地下室；结构形式为框架钢筋混凝土结构，抗震等级为3级，设防烈度为6度。混凝土强度等级主、次梁为C25，柱子C30，楼板C25。

2. 施工进度计划编制依据

1）经过审批的全套施工图及各种采用的标准图和技术资料。

2）工程的工期要求及开工、竣工日期。

3）工程项目工作顺序及相互间的逻辑关系。

4）工程项目工作持续时间的估算。

5）资源需求。

6）作业制度安排。

7）约束条件。

8）项目工作的提前和滞后要求。

3. 施工进度计划编制方法

施工进度计划编制方法主要有横道图进度计划的编制方法和网络计划编制方法。

4. 编制钢筋混凝土工程施工进度计划

（1）控制工期　根据施工经验，初步确定各分部工程控制工期，表3-10。

表3-10　各分部工程控制工期表

合同工期	土建工期				水电安装收尾工程	施工准备
	计划工期	基础工程	主体工程	装饰工程		
160d	150d	18d	70d	62d	10d	不占用工期

（2）编制主体工程的钢筋混凝土工程施工进度计划

1）划分施工过程。本工程框架结构采用以下施工顺序：绑扎柱钢筋→支柱模板→支主梁模板→支次梁模板→支楼板模板→绑扎梁钢筋→绑扎板钢筋→浇柱混凝土→浇梁、板混凝土。

根据施工顺序和劳动组织，主体工程可划分为绑扎柱钢筋、支模板、绑扎梁板钢筋和浇筑混凝土4个施工过程。各施工过程中均包括楼梯间部分。

在主体结构施工过程中，除上述工序外，尚有搭脚手架、拆模板、混凝土养护、砌筑填充墙等施工过程。考虑到这些施工过程均属于平行穿插施工过程，只根据施工工艺要求，尽量搭接施工即可，因此不纳入流水施工。

2）划分施工段。考虑结构的整体性和工程量的大小，本工程以每栋为一个流水施工段，$m=3$，但施工过程数 $n=4$，此时，$m<n$，专业工作队会出现窝工现象。考虑到工地上尚有在建工程，因此，拟将主导施工过程连续施工。该工程各施工过程中，支模板比较复杂，且劳动量较大，所以支模板为主导施工过程。

3）确定主体工程各工作队人数和流水节拍。表3-11为主体结构工程各施工过程持续时间计算表。

表3-11 主体结构（框架混凝土）工程各施工过程持续时间计算表

序号	施工过程	工程名称	工程量	时间定额	总劳动量	每层劳动量	每班人数	持续时间/d	工种	备注
1	A	绑柱筋	1.15t	4.98 工日/t	34.38 工日	5.73 工日	6	1	钢筋工	
2	B	支模板	310.66m²	0.225 工日/m²	418.68 工日	69.78 工日	23	3	木工	
3	C	绑梁、板钢筋	3.77t	4.98 工日/t	112.8 工日	18.8 工日	10	2	钢筋工	
4	D	浇混凝土	41.98m³	0.522 工日/m³	131.46 工日	21.91 工日	22	1	混凝土工	
5	E	砌砖	246.42m³	1.43 工日/m³	352.4 工日	58.7 工日	20	3	砌筑工	一层和楼梯间合计一层

综合时间计算表见表3-12。

表3-12 综合时间计算表

序号	分项工程名称	内容	工程量	时间定额	劳动量
1	模板工程（一层）	矩形模板	108m²	2.54 工日/10m²	27.432 工日
2		矩形梁模板	12.287m²	2.6 工日/10m²	3.195 工日
3		圈梁模板及水池（按10%计）	18.9m²	2.55 工日/10m²	4.82 工日
4		楼板模板	159.51m²	1.98 工日/10m²	31.58 工日
5		楼梯模板	11.96m²	2.3 工日/10m²	2.75 工日
6	混凝土工程（六层）	矩形柱混凝土（C30）	62.66m³	0.823 工日/m³	57.57 工日
7		矩形梁混凝土（C25）	75.58m³	0.33 工日/m³	24.94 工日
8		圈梁混凝土（C25）	9.11m³	0.712 工日/m³	6.49 工日
9		楼板混凝土（C25）	81.96m³	0.211 工日/m³	17.3 工日
10		楼梯混凝土（C25）	11.14m³	1.03 工日/m³	11.47 工日
11		水池混凝土	11.4m³	1.72 工日/m³	19.61 工日
12		零星砌筑	16.8m³	1.81 工日/m³	163.07 工日
13	砌筑工程	外墙（240mm）实心砖墙	113.24m³	1.44 工日/m³	30.41 工日
14		内墙（120mm）实心砖墙	73.54m³	1.38 工日/m³	101.05 工日
15		内墙（180mm）实心砖墙	42.84m³	1.34 工日/m³	57.41 工日

4）资源供应校核。

① 浇筑混凝土的校核：混凝土日最大浇筑量为41.98m³，采用商品混凝土，供应不存

在问题。

② 支模板的校核：框架结构支模板包括柱、梁、板模板，根据经验一般需要 2~3d，本工程选取木工 23 人，流水节拍 3d。由劳动定额知，支模板要求工人小组一般为 5~6 人，本方案木工工作队取 23 人，分 4 个小组进行作业，可以满足规定的木工人数条件。

③ 绑扎钢筋的校核：绑扎钢筋按定额计算需 10 人，流水节拍 2d。由劳动定额知，绑扎梁、板钢筋工作要求工人小组一般为 3~4 人，本工程钢筋工专业工作队 10 人，可分为 3 个小组进行施工。

④ 工作面校核：本工程各施工过程的工人队伍在楼层面上工作，不会发生人员过分拥挤现象，因此不再校核工作面。但是，如砌砖流水节拍改为 2d，工作队变为 30 人，那么工作面人员过多，而且也不满足砌砖工作队一般为 15~20 人的组合要求。

5）确定施工工期。本工程采用间断式流水施工，因此无法利用公式计算工期，必须采用分析计算法或作图法来确定施工工期。本工程拟用作图法来复核工期。

本工程考虑项目所在地广东天气热，混凝土初凝时间快，一层混凝土浇筑完后，养护 1d，即可上人作业，因此，混凝土养护间歇时间为 1d；同时，考虑赶工期，因此在三层框架柱、梁、楼面施工后，开始插入填充墙砌筑。根据上述条件，绘制主体结构施工进度表（表 3-13）。

表 3-13 某职工宿舍主体工程的钢筋混凝土工程施工进度计划

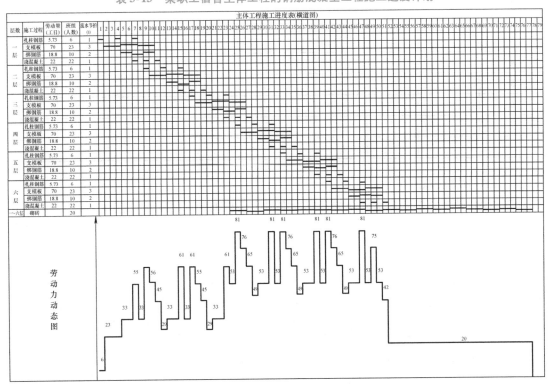

可知，$T = 77d > $ 控制工期 75d，考虑工期相差较小，不再做调整。

二、教师审查每个小组工作方案并提出整改建议

整改建议记录：

钢筋混凝土工程施工工艺及
主控项目质量检查

知识点：

1. 钢筋混凝土工程施工工艺。

2. 钢筋混凝土工程施工工艺标准。

3. 钢筋混凝土工程主控项目质量检查。

能力（技能）点：

1. 能够监督钢筋混凝土工程施工工艺流程，确保其符合工艺标准。

2. 能应用施工质量验收规范，对钢筋混凝土工程主控项目进行质量检查，达到质量验收规范要求。

 实践目的

1）能够理解并系统掌握钢筋混凝土工程施工工艺流程及其工艺标准。

2）能通过具体操作训练熟练运用施工质量验收规范，对钢筋混凝土工程主控项目进行质量检查，达到质量验收规范要求。

 **实践分解任务**

1）根据施工实际情况合理安排钢筋混凝土施工流程。

2）根据《混凝土结构工程施工质量验收规范》（GB 50204—2015）对钢筋混凝土工程主控项目进行质量检查，达到质量验收规范要求。

3）根据施工实际情况编制填写钢筋混凝土工程主控项目质量检查表。

 **实践分组**

以小组为单位（6~8 人为一组），在规定时间内完成以上内容。

 实践场地

实训室、机房。

实践实施过程

一、提出工作计划和方案

引导问题 1：钢筋混凝土工程的施工流程是什么？

运用知识：抄平、放线并复核→底层柱、墙等钢筋安装、验收→底层柱、墙等模板安装、验收→底层柱、墙等混凝土浇筑→模板拆除、混凝土养护→轴线引测、弹线、复核轴线、垂直度控制→二层梁、楼板支架搭设→二层梁、楼板钢筋、模板安装→二层梁、楼板钢筋、模板验收→二层梁、楼板混凝土浇筑→混凝土养护、模板拆除→重复操作直至主体施工完毕。

引导问题2：钢筋混凝土工程的施工要点是什么？

运用知识：

1. 钢筋安装

钢筋接长的方式应符合设计要求。采用新的连接方式（指以前尚未采用）时应做好技术培训工作。

钢筋的焊接和机械连接应严格遵守相应的施工工艺，并按规定进行质量检验。钢筋焊接操作人员应持证上岗。

绑扎接头的质量应符合设计和规范要求。

各种钢筋安装的位置偏差必须保证在允许范围内。钢筋保护层应符合设计要求。柱钢筋安装应防止出现扭转、偏移、碰模板等现象。墙钢筋应防止偏向一侧或碰模板。为保证钢筋安装的位置正确，可以采用一些附加钢筋加以固定、支撑和拉结。

钢筋安装完毕，应先进行自检，再报请监理工程师验收，并完成隐蔽验收资料。

2. 模板安装

（1）柱模板 柱模板由侧模板和支撑组成。安装中应注意以下几点。

1）垂直度。垂直度是柱模板安装中的重要指标，一般通过支撑来解决，可以用吊线锤来检查。

2）侧压力。由于柱高度相对大些，因此新浇混凝土对模板有较大的侧压力。柱箍可以抵抗这种侧压力。安装中柱箍应卡紧以防爆模，柱箍的间距与柱截面大小及高度有关。一般柱箍间距为600~1000mm，柱箍越往下应越密，当柱截面较大时，也可以加设对拉螺栓或对拉片。

3）浇筑孔。当柱截面高度较大时，一般应在柱高度的中部设浇筑孔。一方面，混凝土的倾斜高度在允许范围内；另一方面，又能保证振捣器足以达到柱底部使混凝土振捣密实。

4）清理孔。在柱模底部应设清理孔，以清除可能存在的杂物等。

5）支撑。要保证柱模板的垂直度，同时不发生扭动，柱、梁模板支撑应统筹考虑，还应使整个支撑体系布置合理、整齐美观。

6）成排柱模板要跟线。要先在楼（地）面上弹通线，柱模板安装并校验后，再在顶部拉通线检查。

7）标高。安装柱模板前，应测好标高，可以将其标在钢筋上。

（2）梁模板 梁模板由侧模板、底模板和支撑组成，梁模板安装中应注意以下几点。

1）轴线与标高。首先要控制好梁的轴线位置和标高。

2）底模板起拱。当梁或板的跨度大于或等于4m时，底模板应按设计要求起拱，以减小在施工荷载下模板的变形。如设计无具体要求，则起拱高度宜为全跨长度的1/1000~3/1000（木模板为1.5/1000~3/1000；钢模板为1/1000~2/1000）。

3）侧压力。可以设斜撑、拉条等来解决。当梁截面很大时，应加设对拉螺栓或对拉片。

4）梁、柱接头。最好采用定型节点模板并有可靠的固定措施。梁、柱接头处模板是施工中应十分注意的地方。

5）梁上口尺寸。模板安装中应防止梁上口内缩，应适当加些内顶撑。

6）支撑。一般情况下，与柱支撑一同考虑，当梁截面很大时应专门设计。

（3）墙模板　墙模板由侧模板和支撑组成，墙模板安装中主要应注意以下几点。

1）垂直度。墙模板安装应保证其垂直度，主要由支撑解决，其支撑应与柱支撑成为整体，支撑体系连接应可靠。

2）侧压力。可以按一定间距（水平与垂直方向）设对拉片或对拉螺栓。

3）防模板内倾。可在模板内加一些撑条，并要检查模板上口尺寸。但要考虑在新浇混凝土侧压力的作用下，墙模板有可能产生向外的变形，可结合实际经验适当地调整模板尺寸。

（4）楼板模板　楼板模板由底模和支撑组成。安装中主要应保证模板的接缝严密、平整和支撑牢固、不变形。跨度较大时要起拱（按设计要求或施工规范要求）。

楼板模板应采用大块模板拼装以提高混凝土观感质量和提高工作效率。如采用木胶合板模板、竹胶合板模板、钢框胶合板模板等，此类模板便于加工和造型，其下先用木方做支撑，然后用钢管支撑。模板拼缝可用胶带直接贴上，为防止浇筑混凝土时模板移位，可用钉子将模板钉于木方上。

（5）楼梯模板　楼梯模板由梯段侧模、底模和踏步侧模以及支撑组成。安装时应注意以下几点。

1）标高。控制好第一步与最后一步标高。

2）支撑。底模板支撑要使模板不下沉、变形或歪斜，且长细比不应过大（常设水平撑或剪刀撑）。应注意使踏步侧模板及梯段侧模板支撑牢固。

3）异形楼梯模板。应按设计图样的要求进行放样、定位和解决支撑，必要时要进行模板设计。

3. 混凝土浇筑及养护

混凝土浇筑的施工层一般按结构层划分。浇筑前还应根据结构特征、混凝土的供应能力、混凝土浇筑的技术要求、工序数量等划分好施工段。

每一施工段内每排柱子的混凝土浇筑应从两端同时向中间推进，以防止柱模板因湿涨而受推斜，产生累积误差，难以纠正。截面在400mm×400mm以上、无交叉箍筋的柱子，如柱高不超过4m，可以从柱顶浇筑；如用轻集料混凝土从柱顶浇筑，则柱高不得超过3.5m。柱子浇筑后应留有一定的混凝土沉实时间（一般1～1.5h），然后再浇筑梁、板结构。

梁、板一般应同时浇筑，从一端开始向前推进。当梁高大于1m时可以先将梁混凝土浇筑至楼板板面下20～30mm处。楼板混凝土浇筑应检查其厚度。在施工技术方案中应选择好或按照设计要求留设好施工缝。如有后浇带，则应按设计要求进行处理。

混凝土的浇筑如采用泵送混凝土，注意泵送的连续进行，防止堵管。

在规范要求的时间内必须根据施工现场的情况进行混凝土养护。养护的方法和采取的措施必须按照施工技术方案的要求，应做到由专人进行养护。

二、编制填写钢筋混凝土工程主控项目质量检查表

（一）模板分项工程

引导问题1：哪些属于模板工程的主控项目？这些主控项目的检验要求是什么？

运用知识：分项工程的质量验收应在所含检验批验收合格的基础上，进行质量验收记录检查。检验批的质量验收应包括实物检查和资料检查，并应符合下列规定：主控项目的质量

经抽样检验均应合格；应具有完整的质量检验记录，重要工序应具有完整的施工操作记录。

1. 模板安装

1）安装现浇结构的上层模板及其支架时，下层楼板应具有承受上层荷载的承载能力或加设支架；上、下层支架的立柱应对准，并铺设垫板。

2）在涂刷模板隔离剂时，不得沾污钢筋和混凝土接槎处。

2. 模板拆除

1）底模及其支架拆除时的混凝土强度应符合设计要求；当设计无具体要求时，混凝土强度应符合表3-15的规定。

表3-15　模板底模拆除时的混凝土强度要求

构件类型	构件跨度/m	达到设计的混凝土立方体抗压强度标准值的百分率（%）
板	≤2	≥50
	>2，≤8	≥75
	>8	≥100
梁、拱、壳	≤8	≥75
	>8	≥100
悬架构件	—	≥100

2）对后张法预应力混凝土结构构件，侧模应在预应力张拉前拆除，底模与支架拆除应按施工方案执行。当无具体要求时，不应在结构构件建立预应力前拆除。

引导问题2：如何编制模板工程主控项目质量检查表？

运用知识：以模板安装为例，模板安装检验批质量验收记录见表3-16。

（二）钢筋分项工程

引导问题1：哪些属于钢筋工程的主控项目？这些主控项目的检验要求是什么？

运用知识：

1. 原材料

1）钢筋进场时，应按国家现行相关标准的规定抽取试件做屈服强度、拉伸强度、伸长率、弯曲性能和重量偏差检验（成型钢筋进场可不检验弯曲性能），检验结果必须符合有关标准的规定。

检验方法：检查质量证明文件和抽样检验报告。

2）当设计无具体要求时，对按一、二、三级抗震等级设计的框架和斜撑构件（含梯段）中的纵向受力钢筋，应采用HRB335E、HRB400E、HRB500E、HRBF335E、HRBF400E或HRBF500E钢筋，且应符合下列规定。

①钢筋的抗拉强度实测值与屈服强度实测值的比值应≥1.25。

②钢筋的屈服强度实测值与屈服强度标准值的比值应≤1.30。

③钢筋的最大力下总伸长率应≥9%。

检验方法：检查进场复验报告。

表 3-16　模板安装检验批质量验收记录

单位（子单位）工程名称	四川××大厦	分部（子分部）工程名称	主体结构/混凝土结构	分项工程名称	模板
施工单位	四川××公司	项目负责人	××	检验批容量	90m²
分包单位	/	分包单位项目负责人	/	检验批部位	①~⑧/Ⓐ~Ⓕ轴三层顶板梁
施工依据	《混凝土结构工程施工规范》（GB 50666—2011）		验收依据	《混凝土结构工程施工质量验收规范》（GB 50204—2015）	

		验收项目	设计要求及规范规定	最小/实际抽样数量	检查记录	检查结果
主控项目	1	模板支撑、立柱位置和垫板	第4.2.1条	全/全	模板的支撑系统稳定可靠，立柱位置正确，方便施工，垫板设置规范	√
	2	避免隔离剂沾污	第4.2.2条	全/全	全数检查模板面层，无污染现象	√
	3	/	/	/	/	/
	4	/	/	/	/	/
	5	/	/	/	/	/
	6	/	/	/	/	/
	7	/	/	/	/	/
	8	/	/	/	/	/
	9	/	/	/	/	/
	10	/	/	/	/	/

施工单位检查结果	符合要求 专业工长：×× 项目专业质量检查员：×× 2021 年××月××日
监理单位验收结论	合格 专业监理工程师：×× 2021 年××月××日

3）当发现钢筋脆断、焊接性能不良或力学性能显著不正常等现象时，应对该批钢筋进

行化学成分检验或其他专项检验。

2. 钢筋加工

1）受力钢筋的弯钩和弯折（图3-4）应符合下列规定。

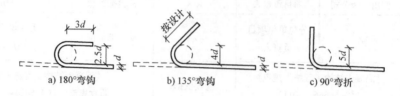

图3-4　受力钢筋的弯钩

① HPB300 级钢筋末端应做180°弯钩，其弯弧内直径不应小于钢筋直径的2.5倍，弯钩的弯后平直部分长度不应小于钢筋直径的 3 倍，如图 3-4a 所示。

② 当设计要求钢筋末端需做 135°弯钩时，HRB335 级、HRB400 级钢筋的弯弧内直径不应小于钢筋直径的 4 倍，弯钩的弯后平直部分长度应符合设计要求，如图 3-4b 所示。

③ 钢筋作≤90°的弯折时，弯折处的弯弧内直径不应小于钢筋直径的 5 倍，如图 3-4c 所示。

2）除焊接封闭环式箍筋外，箍筋的末端应做弯钩，弯钩形式应符合设计要求；当设计无具体要求时，应符合下列规定。

① 箍筋弯钩的弯弧内直径除应满足第 1）项的规定外，尚不应小于受力钢筋直径。

② 箍筋弯钩的弯折角度：对一般结构，不应小于 90°；对有抗震等级要求的结构，不应小于 135°，如图 3-5所示。

③ 箍筋弯后平直部分长度：对一般结构，不宜小于箍筋直径的 5 倍；对有抗震等级要求的结构，不应小于箍筋直径的 10 倍。

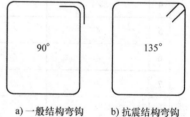

图3-5　箍筋弯钩的弯折角度

3. 钢筋连接

1）纵向受力钢筋的连接方式应符合设计要求，其质量应符合有关规程的规定。

2）在施工现场，应按《钢筋机械连接技术规程》（JGJ 107—2016）、《钢筋焊接及验收规程》（JGJ 18—2012）的规定抽取钢筋机械连接接头、焊接接头试件做力学性能检验，其质量应符合有关规程的规定。

3）钢筋采用机械连接时，螺纹接头应检验拧紧扭矩值，挤压接头应量测压痕直径，检验结果应符合现行行业标准《钢筋机械连接技术规程》（JGJ 107—2016）的相关规定。

4. 钢筋安装

1）钢筋安装时，受力钢筋的牌号、规格和数量必须符合设计要求。

2）钢筋应安装牢固。受力钢筋的安装位置、锚固方式应符合设计要求。

引导问题2：如何编制钢筋工程主控项目质量检查表？

运用知识：以钢筋连接为例，钢筋连接检验批质量验收记录见表3-17。

表 3-17 钢筋连接检验批质量验收记录

单位（子单位）工程名称	四川××大厦	分部（子分部）工程名称	主体结构/混凝土结构	分项工程名称	钢筋
施工单位	四川××公司	项目负责人	××	检验批容量	500m²
分包单位	/	分包单位项目负责人	/	检验批部位	地上二层剪力墙 ①~⑧/Ⓐ~Ⓕ轴
施工依据	《混凝土结构工程施工规范》（GB 50666—2011）		验收依据	《混凝土结构工程施工质量验收规范》（GB 50204—2015）	

		验收项目	设计要求及规范规定	最小/实际抽样数量	检查记录	检查结果
主控项目	1	纵向受力钢筋的连接方式	第5.4.1条	全/全	柱筋采用直螺纹套筒连接，墙筋采用搭接连接，接头率为50%，符合设计要求	√
	2	机械连接和焊接接头的力学性能	第5.4.2条	/	试验合格，报告编号××××	√
	3	螺纹接头拧紧扭矩值	第5.4.3条	/	接头拧紧扭矩值满足规范要求	√
	4	/	/	/	/	/
	5	/	/	/	/	/
	6	/	/	/	/	/
	7	/	/	/	/	/
	8	/	/	/	/	/
	9	/	/	/	/	/
	10	/	/	/	/	/
施工单位检查结果		符合要求 专业工长：×× 项目专业质量检查员：×× 　　　　　　　　　　2021年××月××日				
监理单位验收结论		合格 专业监理工程师：×× 　　　　　　　　　　2021年××月××日				

（三）混凝土分项工程

引导问题1：哪些属于混凝土工程的主控项目？这些主控项目的检验要求是什么？

运用知识：

1. 原材料

1）水泥进场时，应对其品种、代号、强度等级、包装或散装仓号、出厂日期等进行检查，并应对其强度、安定性和凝结时间等性能指标进行复验，其质量必须符合《通用硅酸盐水泥》（GB 175—2007）的规定。

当在使用中对水泥质量有怀疑或水泥出厂超过3个月（快硬硅酸盐水泥超过1个月）时，应进行复验，并按复验结果使用。

检查数量：按同一生产厂家、同一等级、同一品种、同一批号且连续进场的水泥，袋装不超过200t为一批，散装不超过500t为一批，每批抽样不应少于一次。

检验方法：检查质量证明文件和抽样检验报告。

2）混凝土外加剂进场时，应对其品种、性能、出厂日期等进行检查，并应对外加剂的相关性能指标进行检验，检验结果应符合《混凝土外加剂》（GB 8076—2008）、《混凝土外加剂应用技术规范》（GB 50119—2013）等和有关环境保护的规定。

预应力混凝土结构中，严禁使用含氯化物的外加剂。钢筋混凝土结构中，当使用含氯化物的外加剂时，混凝土中氯化物的总含量应符合《混凝土质量控制标准》（GB 50164—2011）的规定。

检查数量：按同一厂家、同一品种、同一性能、同一批号且连续进场的混凝土外加剂，不超过50t为一批，每批抽样数量不应少于一次。

检验方法：检查质量证明文件和抽样检验报告。

2. 混凝土拌合物

混凝土中氯离子含量和碱的总含量应符合《混凝土结构设计规范（2015年版）》（GB 50010—2010）和设计的要求。

检验方法：检查原材料试验报告和氯离子、碱的总含量计算书。

3. 混凝土施工

混凝土的强度等级必须符合设计要求。用于检查结构构件混凝土强度的试件，应在混凝土的浇筑地点随机抽取。

检查数量：对同一配合比混凝土，取样与试件留置应符合下列规定。

1）每拌制100盘且不超过100m³的同配合比的混凝土，取样不得少于一次。

2）每工作班拌制的同一配合比的混凝土不足100盘时，取样不得少于一次。

3）当一次连续浇筑超过1000m³时，同一配合比的混凝土每200m³取样不得少于一次。

4）每一楼层、同一配合比的混凝土，取样不得少于一次。

5）每次取样应至少留置一组标准养护试件，同条件养护试件的留置组数应根据实际需要确定。

检验方法：检查施工记录及试件强度试验报告。

引导问题2：如何编制混凝土工程主控项目质量检查表？

运用知识：以混凝土原材料为例，混凝土原材料检验批质量验收记录见表3-18。

表 3-18　混凝土原材料检验批质量验收记录

单位（子单位）工程名称	四川××大厦	分部（子分部）工程名称	主体结构/混凝土结构	分项工程名称	混凝土
施工单位	四川××公司	项目负责人	××	检验批容量	200m³
分包单位	/	分包单位项目负责人	/	检验批部位	①~⑦/Ⓐ~Ⓒ轴二层墙体
施工依据	《混凝土结构工程施工规范》（GB 50666—2011）		验收依据	《混凝土结构工程施工质量验收规范》（GB 50204—2015）	

		验收项目	设计要求及规范规定	最小/实际抽样数量	检查记录	检查结果
主控项目	1	水泥进场检验	第7.2.1条	/	质量证明文件齐全，试验合格，报告编号××××	√
	2	外加剂质量及应用	第7.2.2条	/	质量证明文件齐全，试验合格，报告编号××××	√
	3	/	/	/	/	/
	4	/	/	/	/	/
	5	/	/	/	/	/
	6	/	/	/	/	/
	7	/	/	/	/	/
	8	/	/	/	/	/
	9	/	/	/	/	/
	10	/	/	/	/	/

施工单位检查结果	符合要求 专业工长：×× 项目专业质量检查员：×× 　　　　　　　　　　2021 年××月××日
监理单位验收结论	合格 专业监理工程师：×× 　　　　　　　　　　2021 年××月××日

三、教师审查每个小组工作方案和质量检查表，并提出整改建议

整改建议记录：

四、各小组进一步优化方案并确定最终工作方案

最终工作方案记录：

 实践成果

工作情境模拟操作。

钢筋混凝土工程一般项目
允许偏差实物检测

知识点：

1. 钢筋混凝土工程一般项目允许偏差。

2. 钢筋混凝土工程一般项目质量检查。

3. 钢筋混凝土工程允许偏差项目实物检测。

能力（技能）点：

1. 能应用施工质量验收规范，对钢筋混凝土工程一般项目进行质量检查。

2. 操作检测工具对钢筋混凝土工程允许偏差项目进行实物检测，达到质量验收规范要求。

实践目的

1）能够理解并系统运用钢筋混凝土工程一般项目质量检验标准。

2）能运用操作检测工具并按照施工质量验收规范，来培养钢筋混凝土工程允许偏差项目实物检测工作的实际操作能力。

实践分解任务

1）根据《混凝土结构工程施工质量验收规范》（GB 50204—2015）确定钢筋混凝土工程一般项目允许偏差并进行质量检查，达到质量验收规范要求。

2）根据施工实际情况编制填写钢筋混凝土工程一般项目允许偏差实物检测表。

实践分组

以小组为单位（6~8人为一组），在规定时间内完成以上内容。

实践场地

实训室、机房。

实践实施过程

一、编制填写钢筋混凝土工程一般项目允许偏差实物检测表

（一）模板分项工程

引导问题1：哪些属于模板工程的一般项目？这些一般项目的检验要求是什么？

运用知识：

1. 模板安装

1）模板的接缝不应漏浆，模板与混凝土接触面应清理干净并涂刷隔离剂；对清水及有

装饰效果的混凝土，应选能达到效果的模板。

2）对跨度≥4m的现浇混凝土梁、板，其模板应按设计要求起拱；当设计无具体要求时，起拱高度宜为跨度的1/1000～3/1000。起拱不得减少构件的截面高度。

现浇结构模板安装的允许偏差及检验方法见表3-19。模板安装和预埋件、预留孔洞的允许偏差表见表3-20。

表3-19 现浇结构模板安装的允许偏差及检验方法

项目		允许偏差/mm	检验方法
轴线位置		5	尺量
底模上表面标高		±5	水准仪或拉线、尺量
模板内部尺寸	基础	±10	尺量
	柱、墙、梁	±5	尺量
	楼梯相邻踏步高差	5	尺量
柱、墙垂直度	层高≤6m	8	经纬仪或吊线、尺量
	层高>6m	10	经纬仪或吊线、尺量
相邻模板表面高差		2	尺量
表面平整度		5	2m靠尺或塞尺量测

注：检查轴线位置，当有纵、横两个方向时，沿纵、横两个方向量测，并取其中偏差的较大值。

表3-20 模板安装和预埋件、预留孔洞的允许偏差表

项目		允许偏差/mm		检查方法
		单层、多层	高层框架	
柱、墙、梁轴线位移		5	3	尺量检查
标高		±5	+2，−5	用水准仪或拉线和尺量检查
墙、柱、梁截面尺寸		+4，−5	+2，−5	尺量检查
每层垂直度		3	3	用2m托线板检查
相邻两板高低差		2	2	用直尺和尺量检查
表面平整度		5	5	用2m靠尺和楔形塞尺检查
预埋钢板、预埋管、预留孔中心线位移		3	3	
预埋螺栓	中心线位移	2	2	拉线和尺量检查
	外露长度	+10，0	+10，0	
预留洞	中心线位移	10	10	
	截面内部尺寸	+10，0	+10，0	

2. 模板拆除

1）侧模拆除时的混凝土强度应能保证其表面及棱角不受损伤。

2）模板拆除时，不应对楼层形成冲击荷载，应分散堆放，及时清运。

引导问题2：如何编制填写模板工程一般项目允许偏差实物检测表？

运用知识：以现浇结构模板安装允许偏差验收记录表（表3-21）为例，检验批部位为①～⑧/Ⓐ～Ⓕ轴三层顶板梁。

表 3-21　现浇结构模板安装允许偏差验收记录表

序号	项目		允许偏差/mm	检测方法	实测偏差值/mm									
					1	2	3	4	5	6	7	8	9	10
1	轴线位置		5	钢尺检查	2	1	2	4	1	5	4	1	2	3
2	底模上表面标高		±5	水准仪或拉线、钢尺检查	-3	1	3	2	-2	0	2	1	1	2
3	截面内部尺寸	中心线位置	±10	钢尺检查	-1	2	3	1	5	7	3	-1	-2	4
		外露长度	+4, -5	钢尺检查	2	3	-1	0	3	2	2	-1	1	1
4	层高垂直度	中心线位置	6	经纬仪或吊线、钢尺检查	3	-2	3	5	1	4	2	4	4	1
		外露长度	8	经纬仪或吊线、钢尺检查	3	5	2	5	7	3	2	6	2	1
5	相邻两板表面高低差		2	钢尺检查	2	1	0	2	1	1	2	0	1	1
6	表面平整度		5	2m靠尺和塞尺检查	2	2	1	0	2	5	3	4	2	3

实测 10 点，其中合格 10 点，合格率 100%

施工单位 检查结果	符合要求 专业工长：×× 　　　　　　　项目专业质量检查员：××

（二）钢筋分项工程

引导问题 1：哪些属于钢筋工程的一般项目？这些一般项目的检验要求是什么？

运用知识：

1. 原材料

钢筋应平直、无损伤，表面不得有裂纹、油污、颗粒状或片状老锈。

2. 钢筋加工

钢筋宜采用无延伸功能的机械设备进行调直，也可采用冷拉方法调直。当采用冷拉调直时，HPB300 光圆钢筋的冷拉率宜 ≤4%；HRB335、HRB400、HRB500、HRBF335、HRBF400、HRBF500 及 RRB400 带肋钢筋的冷拉率宜≤1%。

3. 钢筋连接

1）钢筋的接头宜设置在受力较小处。同一纵向受力钢筋不宜设置 2 个或 2 个以上接头。接头末端至钢筋弯起点的距离不应小于钢筋直径的 10 倍。

2）当受力钢筋采用机械连接接头或焊接接头时，设置在同一构件内的接头宜相互错开。

纵向受力钢筋机械连接接头及焊接接头连接区段的长度为 $35d$（d 为纵向受力钢筋的较大直径）且≥500mm，凡接头中点位于该连接区段长度内的接头均属于同一连接区段。

同一连接区段内，纵向受力钢筋的接头面积百分率应符合设计要求；当设计无具体要求时，应符合下列规定。

① 在受拉区宜≤50%。

② 接头不宜设置在有抗震设防要求的框架梁端、柱端的箍筋加密区；当无法避开时，对等强度高质量机械连接接头，应≤50%。

③ 直接承受动力荷载的结构构件中，不宜采用焊接接头；当采用机械连接接头时，应≤50%。

3）同一构件中相邻纵向受力钢筋的绑扎搭接接头宜相互错开。绑扎搭接接头中钢筋的横向净距不应小于钢筋直径，且应≥25mm。

钢筋绑扎搭接接头连接区段的长度为 $1.3l_l$（l_l 为搭接长度），凡搭接接头中点位于该连接区段长度内的搭接接头均属于同一连接区段。

同一连接区段内，纵向受拉钢筋搭接接头面积百分率应符合设计要求；当设计无具体要求时，应符合下列规定。

① 对梁类、板类及墙类构件，宜≤25%。

② 对柱类构件，宜≤50%。

③ 当工程中确有必要增大接头面积百分率时，对梁类构件，应≤50%；对其他构件，可根据实际情况放宽。

钢筋安装位置的允许偏差和检验方法见表 3-22。

表 3-22　钢筋安装位置的允许偏差和检验方法

项目			允许偏差/mm	检验方法
绑扎钢筋网	长、宽		±10	钢尺检查
	网眼尺寸		±20	钢尺量连续三档，取最大值
绑扎钢筋骨架	长		±10	钢尺检查
	宽、高		±5	钢尺检查
受力钢筋	间距		±10	钢尺量两端、中间各一点，取最大值
	排距		±5	
	保护层厚度	基础	±10	钢尺检查
		柱、梁	±5	钢尺检查
		板、墙、壳	±3	钢尺检查
绑扎钢筋、横向钢筋间距			±20	钢尺量连续三档，取最大值
钢筋弯起点位置			20	钢尺检查
预埋件	中心线位置		5	钢尺检查
	水平高度		+3, 0	钢尺和塞尺检查

引导问题 2：如何编制填写钢筋工程一般项目允许偏差实物检测表？

运用知识： 以钢筋安装位置允许偏差验收记录表为例，见表 3-23。

表 3-23　钢筋安装位置允许偏差验收记录表

序号	项目		允许偏差/mm	检验方法	实测偏差值/mm									
					1	2	3	4	5	6	7	8	9	10
1	绑扎钢筋网	长、宽	±10	钢尺检查	8	6	7	5	4	6	3	2	4	5
		网眼尺寸	±20	钢尺量连续三档，取最大值	10	8	-5	8	9	-5	-2	12	9	6
2	绑扎钢筋骨架	长	±10	钢尺检查	2	-6	8	8	5	9	-3	8	-2	5
		宽、高	±5	钢尺检查	-2	0	1	-3	-2	5	4	-1	0	2

（续）

序号	项目			允许偏差/mm	检验方法	实测偏差值/mm									
						1	2	3	4	5	6	7	8	9	10
3	受力钢筋	间距		±10	钢尺量两端、中间各一点，取最大值	6	7	−8	−2	8	0	5	4	2	−7
		排距		±5		4	3	−4	−2	0	−1	4	−3	2	0
		保护层厚度	基础	±10	钢尺检查	8	6	4	5	6	10	4	−2	1	5
			柱、梁	±5	钢尺检查	3	0	2	−1	3	4	−5	3	−2	0
			板、墙、壳	±3		1	3	1	−3	−2	−1	0	−1	2	1
4	绑扎钢筋、横向钢筋间距			±20	钢尺量连续三档，取最大值	2	−3	8	−5	9	11	7	5	3	−2
5	钢筋弯起点位置			20	钢尺检查	4	5	1	5	3	6	7	6	9	4

（三）混凝土分项工程

引导问题1：哪些属于混凝土工程的一般项目？这些一般项目的检验要求是什么？

运用知识： 混凝土工程的一般项目是混凝土施工，检验要求如下。

1）施工缝的位置应在混凝土浇筑前按设计要求和施工技术方案确定。其处理应按施工技术方案进行。

后浇带的留置位置应按设计要求和施工技术方案确定。其混凝土浇筑应按施工技术方案进行。

2）混凝土浇筑完毕后，应按施工技术方案及时采取有效的养护措施，并应符合下列规定。

①应在浇筑完毕后的12h以内（8～12h）对混凝土加以覆盖并保湿养护。

②混凝土浇水养护的时间：对采用硅酸盐水泥、普通硅酸盐水泥或矿渣硅酸盐水泥拌制的混凝土≥7d；对掺用缓凝型外加剂或有抗渗要求的混凝土≥14d。

③浇水次数应能保持混凝土处于湿润状态；当日气温低于5℃时不得浇水养护。混凝土养护用水与拌制用水相同。

④采用塑料布覆盖养护的混凝土，其敞露的全部表面应覆盖严密，并应保持塑料布内有凝结水。

⑤混凝土强度达到1.2N/mm² 前，不得在其上踩踏或安装模板及支架。

混凝土工程允许偏差值见表3-24。

表3-24　混凝土工程允许偏差值

项次	项目		允许偏差/mm		检查方法
			多层	高层	
1	轴线位移		8	5	尺量检查
2	标高	层高	±10	±10	用水准仪或吊线和尺量检查
		全高	±30	±30	
3	截面尺寸		+5，−2	+5，−2	尺量检查

（续）

项次	项目		允许偏差/mm 多层	高层	检查方法
4	墙面垂直度	每层	5	5	用经纬仪或吊线和尺量检查
		全高（H）	H/1000且≤30	H/1000且≤30	
5	表面平整度		4	4	用2m靠尺和楔形塞尺检查
6	预埋钢板中心线偏移		10	10	
7	预埋管、螺栓、预留孔中心线偏移		5	5	
8	预留洞中心线偏移		15	15	尺量检查
9	电梯井	中心位置	10	10	尺量检查
		长、宽尺寸	+25，0	+25，0	尺量检查
		全高垂直度	H/1000且≤30	H/1000且≤30	吊线和尺量检查

引导问题2：如何编制填写混凝土工程一般项目允许偏差实物检测表？

运用知识：混凝土工程允许偏差验收记录表表见表3-25。

表3-25 混凝土工程允许偏差验收记录表

项次	项目		允许偏差/mm 多层	高层	检验方法	实测偏差值/mm 1	2	3	4	5	6	7	8	9	10
1	轴线位移		8	5	尺量检查	2	3	1	0	1	2	1	3	1	0
2	标高	层高	±10	±10	用水准仪或吊线和尺量检查	3	−1	3	−3	0	1	0	−2	1	2
		全高	±30	±30		11	−5	9	−4	12	9	9	10	4	−3
3	截面尺寸		+5，−2	+5，−2	尺量检查	2	3	1	4	−2	−1	3	5	2	0
4	墙面垂直度	每层	5	5	用经纬仪或吊线和尺量检查	2	3	1	0	1	2	1	3	0	1
		全高（H）	1‰且≤20	1‰且≤30		6	8	5	4	6	11	10	9	6	7
5	表面平整度		4	4	用2m靠尺和楔形塞尺检查	2	1	1	2	0	0	1	2	1	1
6	预埋钢板中心线偏移		10	10		4	5	2	6	4	7	2	5	6	1
7	预埋管、螺栓、预留孔中心线偏移		5	5		3	1	2	1	4	5	3	2	4	4
8	预留洞中心线偏移		15	15	尺量检查	11	4	7	6	4	9	2	1	2	5
9	电梯井	井筒长宽对中心线偏移	+25，−0	+25，−0		12	8	6	21	18	7	9	4	20	11
		井筒全高垂直度	H/1000且≤30	H/1000且≤30	吊线和尺量检查	13	10	7	9	7	10	6	14	8	17

二、教师审查每个小组工作方案并提出整改建议

整改建议记录：

三、各小组进一步优化方案并确定最终工作方案

最终工作方案记录：

 实践成果

工作情境模拟操作（表 3-26 ~ 表 3-28）。

表 3-26　现浇结构模板安装允许偏差验收记录表

序号	项目		允许偏差/mm	检测方法	实测偏差值/mm									
					1	2	3	4	5	6	7	8	9	10
1	轴线位置		5	钢尺检查										
2	底模上表面标高		±5	水准仪或拉线、钢尺检查										
3	截面内部尺寸	中心线位置	±10	钢尺检查										
		外露长度	+4，-5	钢尺检查										
4	层高垂直度	中心线位置	6	经纬仪或吊线、钢尺检查										
		外露长度	8	经纬仪或吊线、钢尺检查										
5	相邻两板表面高低差		2	钢尺检查										
6	表面平整度		5	2m 靠尺和塞尺检查										

实测　　点，其中合格　　点，合格率　　%

施工单位检查结果	专业工长： 项目专业质量检查员：

表 3-27　钢筋安装位置允许偏差验收记录表

序号	项目		允许偏差/mm	检验方法	实测偏差值/mm									
					1	2	3	4	5	6	7	8	9	10
1	绑扎钢筋网	长、宽	±10	钢尺检查										
		网眼尺寸	±20	钢尺量连续三档，取最大值										
2	绑扎钢筋骨架	长	±10	钢尺检查										
		宽、高	±5	钢尺检查										

（续）

序号	项目		允许偏差/mm	检验方法	实测偏差值/mm									
					1	2	3	4	5	6	7	8	9	10
3	受力钢筋	间距	±10	钢尺量两端、中间各一点，取最大值										
		排距	±5											
		保护层厚度 基础	±10	钢尺检查										
		保护层厚度 柱、梁	±5	钢尺检查										
		保护层厚度 板、墙、壳	±3	钢尺检查										
4	绑扎钢筋、横向钢筋间距		±20	钢尺量连续三档，取最大值										
5	钢筋弯起点位置		20	钢尺检查										

表 3-28　混凝土工程允许偏差验收记录表

项次	项目		允许偏差/mm 多层	允许偏差/mm 高层	检验方法	实测偏差值/mm									
						1	2	3	4	5	6	7	8	9	10
1	轴线位移		8	5	尺量检查										
2	标高	层高	±10	±10	用水准仪或吊线和尺量检查										
		全高	±30	±30											
3	截面尺寸		+5，−2	+5，−2	尺量检查										
4	墙面垂直度	每层	5	5	用经纬仪或吊线和尺量检查										
		全高（H）	1‰且≤20	1‰且≤30											
5	表面平整度		4	4	用2m靠尺和楔形塞尺检查										
6	预埋钢板中心线偏移		10	10											
7	预埋管、螺栓、预留孔中心线偏移		5	5											
8	预留洞中心线偏移		15	15	尺量检查										
9	电梯井	井筒长宽对中心线偏移	+25，−0	+25，−0											
		井筒全高垂直度	H/1000且≤30	H/1000且≤30	吊线和尺量检查										

钢筋混凝土工程施工质量验收

知识点：

1. 钢筋混凝土工程竣工验收标准、规范。

2. 钢筋混凝土工程施工质量验收。

能力（技能）点：

1. 能够按照《建筑工程施工质量验收统一标准》（GB 50300—2013）填写钢筋混凝土工程施工记录。

2. 能够按照《建筑工程施工质量验收统一标准》（GB 50300—2013）填写钢筋混凝土工程施工质量验收检查表。

 实践目的

1）以实际应用为主，掌握钢筋混凝土质量验收的相关标准、规范。

2）能通过具体操作训练熟练运用施工质量验收规范，对钢筋混凝土工程进行施工质量验收，并根据《建筑工程施工质量验收统一标准》（GB 50300—2013）填写钢筋混凝土工程施工记录和质量验收检查表。

 实践分解任务

1）根据《混凝土结构工程施工质量验收规范》（GB 50204—2015）、《建筑工程施工质量验收统一标准》（GB 50300—2013）等规范对钢筋混凝土主体工程进行质量验收。

2）根据《建筑工程施工质量验收统一标准》（GB 50300—2013）填写钢筋混凝土工程施工记录和质量验收检查表。

 实践分组

以小组为单位（6~8人为一组），在规定时间内完成以上内容。

 实践场地

实训室、机房。

实践实施过程

一、对钢筋混凝土主体工程进行质量验收

引导问题1：建筑工程质量验收的程序和组织是什么？

运用知识：

1）检验批应由专业监理工程师组织施工单位项目专业质量检查员、专业工长等进行验收。

2）分项工程应由专业监理工程师组织施工单位项目专业技术负责人等进行验收。

3）分部工程应由总监理工程师组织施工单位项目负责人和项目技术负责人等进行验收。

勘察、设计单位项目负责人和施工单位技术、质量部门负责人应参加地基与基础分部工程的验收。

设计单位项目负责人和施工单位技术、质量部门负责人应参加主体结构、节能分部工程的验收。

4）单位工程中的分包工程完工后，分包单位应对所承包的工程项目进行自检，并应按《建筑工程施工质量验收统一标准》（GB 50300—2013）规定的程序进行验收。验收时，总包单位应派人参加。分包单位应将所分包工程的质量控制资料整理完整，并移交给总包单位。

5）单位工程完工后，施工单位应组织有关人员进行自检。总监理工程师应组织各专业监理工程师对工程质量进行竣工预验收。存在施工质量问题时，应由施工单位整改。整改完毕后，由施工单位向建设单位提交工程竣工报告，申请工程竣工验收。

6）建设单位收到工程竣工报告后，应由建设单位项目负责人组织监理、施工、设计、勘察等单位项目负责人进行单位工程验收。

引导问题2：钢筋混凝土工程主体结构质量验收内容是什么？

运用知识：

1. 主体结构验收所需条件

（1）工程实体（与地基基础要求类同）

1）主体分部验收前，墙面上的施工孔洞须按规定镶堵密实，并做隐蔽工程验收记录。未经验收不得进行装饰装修工程的施工，当确需分阶段进行主体分部工程质量验收时，建设单位项目负责人在质监交底上向质监人员提出书面申请，并经质监站同意。

2）混凝土结构工程模板应拆除并将其表面清理干净，混凝土结构存在缺陷处应整改完成。

3）楼层标高控制线应清楚弹出墨线，并做醒目标志。

4）工程技术资料存在的问题均已悉数整改完成。

5）施工合同、设计文件规定和工程洽商所包括的主体分部工程施工内容已完成。

6）安装工程中各类管道预埋结束，位置尺寸准确，相应测试工作已完成，其结果符合规定要求。

7）主体分部工程验收前，可完成样板间或样板单元的室内粉刷。

8）主体分部工程施工中，质监站发出整改（停工）通知书要求整改的质量问题都已整改完成，完成报告书已送质监站归档。

（2）工程资料

1）施工单位在主体工程完工之后对工程进行自检，确认工程质量符合有关法律、法规和工程建设强制性标准，提供主体结构施工质量自评报告，该报告应由项目经理和施工单位负责人审核、签字、盖章。

2）监理单位在主体结构工程完工后对工程全过程监理情况进行质量评价，提供主体工程质量评估报告，该报告应当由总监和监理单位有关负责人审核、签字、盖章。

3）勘察、设计单位对勘察、设计文件及设计变更进行检查，对工程主体实体是否与设计图样及变更一致，进行认可。

4）有完整的主体结构工程档案资料，试验档案，监理资料；施工质量保证资料；管理资料和评定资料。

5）主体工程验收通知书。

6）工程规划许可证复印件（需加盖建设单位公章）。

7）中标通知书复印件（需加盖建设单位公章）。

8）工程施工许可证复印件（需加盖建设单位公章）。

9）混凝土结构子分部工程结构实体混凝土强度验收记录。

10）混凝土结构子分部工程结构实体钢筋保护层厚度验收记录。

2. 主体结构验收主要依据

1）《建筑工程施工质量验收统一标准》（GB 50300—2013）等现行质量检验评定标准、施工验收规范。

2）国家及地方关于建设工程的强制性标准。

3）经审查通过的施工图样、设计变更、工程洽商以及设备技术说明书。

4）引进技术或成套设备的建设项目，还应出具签订的合同和国外提供的设计文件等资料。

5）其他有关建设工程的法律、法规、规章和规范性文件。

3. 结构实体验收组织

1）对涉及混凝土结构安全的有代表性的部位应进行结构实体检验。结构实体检验应包括混凝土强度、钢筋保护层厚度、结构位置与尺寸偏差以及合同约定的项目；必要时可检验其他项目。

2）结构实体检验由监理单位组织施工单位实施，并见证实施过程。施工单位应制订结构实体检验专项方案，并经监理单位审核批准后实施。除结构位置与尺寸偏差外的结构实体检验项目，应由具有相应资质的检测机构完成。

3）结构实体混凝土强度检验宜采用同条件养护试件方法；当未取得同条件养护试件强度或同条件养护试件强度不符合要求时，可采用回弹－取芯法进行检验。

4. 主体工程验收的结论

1）由主体工程验收小组组长主持验收会议。

2）建设、施工、监理、设计单位分别书面汇报工程合同履约状况和在工程建设各环节执行国家法律、法规和工程建设强制性标准情况。

3）验收组听取各参验单位的意见，形成经验收小组人员分别签字的验收意见。

4）参建责任方签署的主体分部工程质量及验收记录，应在签字盖章后由项目监理人员报送质监站存档。

5）当在验收过程参与工程结构验收的建设、施工、监理、设计单位各方不能形成一致的意见时，应当协商解决的办法，待意见一致后，重新组织工程验收。

二、填写钢筋混凝土工程质量验收检查表

以主体结构分部工程质量验收记录表为例，钢筋混凝土工程质量验收检查表见表3-29。

表3-29　主体结构分部工程质量验收记录

单位（子单位）工程名称	四川××大厦		子分部工程数量	2	分项工程数量	4
施工单位	四川××公司		项目负责人	××	技术（质量）负责人	××
分包单位	/		分包单位负责人	/	分包内容	/
序号	子分部工程名称	分项工程名称	检验批数量	施工单位检查结果	监理单位验收结论	
1	混凝土工程	模板工程	80	符合要求	合格	
2		混凝土	40	符合要求	合格	
3		钢筋工程	120	符合要求	合格	
4	砌体工程	填充墙砌体	20	符合要求	合格	
5						
6						
7						
8						
	质量控制资料			共计98份，齐全有效	合格	
	安全和功能检验结果			抽查5项，符合要求	合格	
	观感质量检验结果			一般	一般	
综合验收结论	主体结构分部工程验收合格					
施工单位××项目负责人：××2021年××月××日	勘察单位××项目负责人：××2021年××月××日		设计单位××项目负责人：××2021年××月××日		监理单位××总监理工程师：××2021年××月××日	

注：1. 地基与基础分部工程的验收应由施工、勘察、设计单位项目负责人和总监理工程师参加并签字。

　　2. 主体结构、节能分部工程的验收应由施工、设计单位项目负责人和总监理工程师参加并签字。

三、教师审查每个小组工作方案和质量验收记录表并提出整改建议

整改建议记录：

四、各小组进一步优化方案并确定最终工作方案

最终工作方案记录：

 实践成果

工作情境模拟操作（见表3-30～表3-32）。

表3-30 分项工程质量验收记录　　　　　　编号：

单位（子单位）工程名称		分部（子分部）工程名称		
分项工程数量		检验批数量		
施工单位		项目负责人		项目技术负责人
分包单位		分包单位项目负责人		分包内容
序号	检验批名称	检验批容量	部位/区段	施工单位检查结果	监理单位验收结论
1					
2					
3					
4					
5					
6					
7					
8					
9					
10					
11					
12					
13					
14					
15					

说明：

施工单位检查结果	项目专业技术负责人： 年　月　日
监理单位验收结论	专业监理工程师： 年　月　日

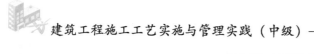

表 3-31　分部工程质量验收记录　　　　　编号：

单位（子单位）工程名称			子分部工程数量		分项工程数量	
施工单位			项目负责人		技术（质量）负责人	
分包单位			分包单位负责人		分包内容	
序号	子分部工程名称	分项工程名称	检验批数量	施工单位检查结果	监理单位验收结论	
1						
2						
3						
4						
5						
6						
7						
8						
	质量控制资料					
	安全和功能检验结果					
	观感质量检验结果					
综合验收结论						

施工单位项目负责人：　年 月 日	勘察单位项目负责人：　年 月 日	设计单位项目负责人：　年 月 日	监理单位总监理工程师：　年 月 日

注：1. 地基与基础分部工程的验收应由施工、勘察、设计单位项目负责人和总监理工程师参加并签字。

　　2. 主体结构、节能分部工程的验收应由施工、设计单位项目负责人和总监理工程师参加并签字。

表 3-32　单位工程质量竣工验收记录　　　　编号：

工程名称		结构类型		层数/建筑面积		
施工单位		技术负责人		开工日期		
项目负责人		项目技术负责人		完工日期		
序号	项目		验收记录		验收结论	
1	分部工程验收		共　　分部，经查符合设计及标准规定　　分部			
2	质量控制资料核查		共　　项，经核查符合规定　　项			
3	安全和使用功能核查及抽查结果		共核查　　项，符合规定　　项，共抽查　　项，符合规定　　项，经返工处理符合规定　　项			
4	观感质量验收		共抽查　　项，达到"好"和"一般"的　　项，经返修处理符合要求的　　项			
综合验收结论						

参加验收单位	建设单位	监理单位	施工单位	设计单位	勘察单位
	（公章） 项目负责人： 　年　月　日	（公章） 总监理工程师： 　年　月　日	（公章） 项目负责人： 　年　月　日	（公章） 项目负责人： 　年　月　日	（公章） 项目负责人： 　年　月　日

注：单位工程验收时，验收签字人员应由相应单位的法人代表书面授权。

学习情境四　装配式混凝土结构工程

案例导入

本工程为办公楼，装配式钢筋混凝土框架－剪力墙结构，建筑面积共 12375m²。地上 25 层，地下 3 层，总高 78.45m。3 层及以上为标准层，单层面积 361.08m²，每层高 3m，两梯三户，符合 8 级抗震要求，预制率为 60%。

典型任务 1　装配式混凝土结构工程施工技术交底记录

> **知识点：**
> 1. 装配式混凝土结构构造。
> 2. 装配式混凝土结构工程隐蔽验收记录。
> 3. 装配式混凝土结构工程施工技术交底。
>
> **能力（技能）点：**
> 1. 能按照指定施工任务编制装配式混凝土结构工程隐蔽验收记录。
> 2. 能按照指定施工任务编制装配式混凝土结构工程施工技术交底记录表。

 实践目的

1）以实际应用为主，培养实际操作能力，提高动手能力。

2）掌握装配式混凝土结构构造。

3）通过现场具体操作训练，掌握装配式混凝土结构工程施工技术交底的内容及隐蔽验收记录内容。

 **实践分解任务**

1）熟读不同装配式结构类型施工图，绘制不同节点装配式构造详图。

2）填写装配式工程技术交底及隐蔽工程验收资料。

 实践分组

以小组为单位（6~8人为一组），在规定时间内完成以上内容。

实践场地

实训室、机房。

实践实施过程

一、提出工作计划和方案

引导问题 1：装配式混凝土结构构造的常用定义是什么？

运用知识：

1. 装配式建筑的定义

装配式建筑指把传统建造方式中的大量现场作业工作转移到工厂进行，在工厂加工制作好建筑用构件和配件（如楼板、墙板、楼梯、阳台等），运输到建筑施工现场，通过可靠的连接方式在现场装配安装而成的建筑。

装配式建筑按结构类型可以分为：装配式混凝土结构建筑、装配式钢结构建筑和装配式木结构建筑三大类。

2. 装配式结构

装配式结构是装配式混凝土结构的简称，是以预制构件为主要受力构件，经装配、连接而成的混凝土结构。装配式钢筋混凝土结构是我国建筑结构发展的重要方向之一，它有利于我国建筑工业化的发展，提高生产效率，节约能源，发展绿色环保建筑，并且有利于提高和保证建筑工程质量。与现浇施工工法相比，装配式 PC 结构有利于绿色施工，因为装配式施工更能符合绿色施工的节地、节能、节材、节水和环境保护等要求，降低对环境的负面影响，包括降低噪声，防止扬尘，减少环境污染，清洁运输，减少场地干扰，节约水、电、材料等资源和能源，遵循可持续发展的原则。

3. 装配式建筑的特点

装配式建筑的特点是：大量建筑部品由车间生产加工完成（构件种类主要有：外墙板、内墙板、叠合板、阳台、空调板、楼梯、预制梁、预制柱等）；现场大量的装配作业，比原始现浇作业大大减少；采用建筑装修一体化设计、施工，理想状态是装修可随主体施工同步进行；设计标准化，管理信息化，构件越标准，生产效率越高，相应的构件成本就会下降，配合工厂的数字化管理，整个装配式建筑的性价比会越来越高；符合绿色建筑的要求。

引导问题 2：装配式混凝土结构的主要构造要求是什么？

运用知识：

1. 预制构件的连接构造要求

装配整体式结构中，节点及接缝处的纵向钢筋连接宜根据接头受力、施工工艺等要求，选用机械连接、套筒灌浆连接、浆锚搭接连接、焊接连接、绑扎搭接连接等连接方式，并应符合国家现行有关标准的规定。预制构件的拼接应符合下列规定。

1）预制构件拼接部位的混凝土强度等级不应低于预制构件的混凝土强度等级。

2）预制构件的拼接位置宜设置在受力较小部位。

3）预制构件的拼接应考虑温度作用和混凝土收缩徐变的不利影响，宜适当增加构造配筋。

2. 套筒灌浆连接

纵向钢筋采用套筒灌浆连接时，应符合下列规定。

1）接头应满足《钢筋机械连接技术规程》（JGJ 107—2016）的要求，并应符合国家现行有关标准的规定。

2）预制剪力墙中，钢筋接头处套筒外侧钢筋的混凝土保护层厚度不应小于 15mm；预制柱中，钢筋接头处套筒外侧箍筋的混凝土保护层厚度不应小于 20mm。

3）套筒之间的净距不应小于25mm。

3. 浆锚搭接连接

纵向钢筋采用浆锚搭接连接时，对预留孔成孔工艺、孔道形状和长度、构造要求、灌浆料和被连接钢筋，应进行力学性能以及适用性的试验验证。直径大于20mm的钢筋不宜采用浆锚搭接连接，直接承受动力荷载构件的纵向钢筋不应采用浆锚搭接连接。

4. 挤压套筒连接

纵向钢筋采用挤压套筒连接时，应符合相应的规定。

1）预制柱底、预制剪力墙底宜设置支腿，支腿应能承受不小于被支承预制构件自重的2倍。

2）预制构件与后浇混凝土、灌浆料和坐浆材料的结合面应设置粗糙面、键槽，并应符合相应的规定。

5. 简支连接

预制楼梯与支承构件之间宜采用简支连接。采用简支连接时，应符合下列规定。

1）预制楼梯宜一端设置固定铰，另一端设置滑动铰，其转动及滑动变形能力应满足结构层间位移的要求，且预制楼梯端部在支承构件上的最小搁置长度应符合表4-1的规定。

2）预制楼梯设置滑动铰的端部应采取防止滑落的构造措施。

表4-1 预制楼梯端部在支承构件上的最小搁置长度

抗震设防烈度	6度	7度	8度
最小搁置长度/mm	75	75	100

6. 桁架钢筋混凝土叠合板

桁架钢筋混凝土叠合板应满足下列要求。

1）桁架钢筋应沿主要受力方向布置。

2）桁架钢筋距板边不应大于300mm，间距不宜大于600mm。

3）桁架钢筋弦杆钢筋直径不宜小于8mm，腹杆钢筋直径不应小于4mm。

4）桁架钢筋弦杆混凝土保护层厚度不应小于15mm。

7. 间接搭接

当桁架钢筋混凝土叠合板的后浇混凝土叠合层厚度不小于100mm，且不小于预制板厚度的1.5倍时，支承端预制板内纵向受力钢筋可采用间接搭接方式锚入支承梁或墙的后浇混凝土中（图4-1），并应符合下列规定。

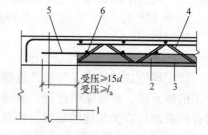

图4-1 间接搭接

1—支撑墙或梁 2—底板 3—板下部钢筋
4—钢筋桁架 5—板底连接纵筋
6—附加通长构造钢筋

1）附加钢筋的面积应通过计算确定，且不应少于受力方向跨中板底钢筋面积的1/3。

2）附加钢筋直径不宜小于8mm，间距不宜大于250mm。

3）当附加钢筋为构造钢筋时，伸入楼板的长度不应小于与板底钢筋的受压搭接长度，伸入支座的长度不应小于15d（d为附加钢筋直径），且宜伸过支座中心线；当附加钢筋承受拉力时，伸入楼板的长度不应小于与板底钢筋的受拉搭接长度，伸入支座的长度不应小于受拉钢筋的锚固长度。

4）垂直于附加钢筋的方向应布置横向分布钢筋，在搭接范围内不宜少于3根，且钢筋直径不宜小于6mm，间距不宜大于200mm。

引导问题3：装配式混凝土结构工程隐蔽验收内容有哪些？

运用知识：主要验收内容如下。

1）主要钢筋的牌号、规格、数量、位置、间距等。

2）纵向钢筋的锚固方式、锚固长度，钢筋的连接方式、接头位置及数量、接头面积百分率、搭接长度等。

3）箍筋、横向钢筋的牌号、规格、数量、位置、间距，箍筋弯钩的弯折角度及平直段长度等。

4）预埋件、拉结件、吊环、箍筋的规格、数量、位置。

5）钢筋的混凝土保护层厚度（表4-2）。

表4-2　装配式混凝土结构工程隐蔽验收记录

工程名称	装配式钢筋混凝土框架剪力墙结构		分部（子分部）工程名称	装配式混凝土结构	分项工程名称	装配式混凝土结构连接
施工单位			项目负责人		检验批容量	
分包单位			分包单位项目负责人		检验批部位	
施工依据				验收依据	《装配式混凝土结构工程施工与质量验收规程》（DB11/T 1030—2021）的规定	
		验收项目	设计要求及规范规定	最小、实际抽样数量	检查记录	检查结果
主控项目	1	装配式结构构件的连接方式	装配式结构构件的连接方式应符合设计要求		设计连接方式： 实际连接方式：	
	2	构件锚筋搭接长度	构件锚筋与现浇结构钢筋的搭接长度必须符合设计要求		设计搭接长度： 实际搭接长度：	
	3	构件的接头和拼缝	装配式结构中构件的接头和拼缝，应符合设计要求		设计接头和拼缝形式： 实际接头和拼缝形式：	
	4	构件搁置长度	构件搁置长度应符合设计要求；设计无要求时，梁搁置长度不小于20mm，楼面板搁置长度不小于15mm			
	5	梁与柱连接	梁与柱连接应符合要求		设计连接方式： 实际连接方式：	
	6	外墙板拼缝处理	外墙板拼缝处理应符合要求		拼缝处理方式：	

（续）

	验收项目	设计要求及规范规定		最小、实际抽样数量	检查记录	检查结果
主控项目	7 预制构件采用机械连接或焊接方式	螺栓的材质、规格、连接件及焊缝尺寸应符合设计要求及《钢结构设计标准（附条文说明）》（GB 50017—2017）、《钢结构工程施工质量验收标准》（GB 50205—2020）和《钢结构焊接规范》（GB 50661—2011）的有关规定			螺栓的合格证编号：螺栓复试报告编号：拧紧检查记录：焊缝检测报告编号：焊缝外观检查记录：	
	8 预制楼梯连接方式和质量	预制楼梯连接方式和质量应符合设计要求			设计连接方式：实际连接方式：	
	9 阳台板、室外空调机隔板连接方式	阳台板、室外空调机隔板连接方式应符合设计要求			设计连接方式：实际连接方式：	
一般项目	预制阳台、楼梯、室外空调机隔板允许偏差	预制阳台、楼梯、室外空调机隔板安装允许偏差及检验方法			选择计数抽样方案：按专业验收规范规定	
		检查项目	允许偏差/mm			
		水平位置偏差	5			
		标高偏差				
		搁置长度偏差	5			
施工单位检查结果		专业工长：质量员：				年　月　日
监理单位验收结论		专业监理工程师：				年　月　日

注：本表一式四份，建设单位、施工单位、监理单位、城建档案馆各一份。

引导问题4：装配式混凝土结构工程技术交底前需要做哪些准备？交底内容有哪些？

运用知识：

1. 技术准备

1）所有需在结构中预埋的预埋件均必须在构件图绘制前进行定位，并准确反映在构件图中。

构件模具生产顺序、构件加工顺序及构件装车顺序必须与现场吊装计划相对应，避免因为构件未加工或装车顺序错误影响现场施工进度。

2）现场准备。现场场地应平整、夯实，确保构件堆场不出现沉陷；运输构件车辆行走的临时道路要按规定等级施工，并配备好钢板道板备用。

3）吊装前准备。依据吊装图组织构件进场，按图码放。垫木距板端30cm上下对齐；墙板宜直立堆放，并有可靠紧固措施以防倾倒；楼板堆放高度不超过10块，并检查构件质量，对有裂纹、翘起或断裂损坏的构件不得采用。

2. 交底内容

1）构件进场后根据构件标号和吊装计划在构件上标出序号，并在图样上标出序号位置，这样可直观表示出构件位置，便于吊装施工和指挥操作，减少误吊概率。

2）所有构件吊装前必须在相关构件上将各个截面的控制线提前放好，并办完相应预检手续，以节省吊装、调整时间并利于质量控制。

3）墙体吊装前必须将调节工具埋件提前安装在墙体上，以减少吊装时间，并利于质量控制。

4）100mm×100mm方木、线锤、水平尺、扳手、斜撑杆、水平撑杆、水准仪、经纬仪、墨斗、塔尺、米尺、5m钢尺、50m长钢尺等。

吊装构件以前按设计图样核对板型号；对设计中与施工规范要求或实际情况发生冲突的部位，应提前与设计进行协商解决，将每层的构件平面吊装图作为施工中的吊装依据。

预制剪力墙（内墙）分项工程安全技术交底记录见表4-3。

表4-3 预制剪力墙（内墙）分项工程安全技术交底记录

施工单位	三好建筑工程有限公司			
工程名称	装配式钢筋混凝土框架－剪力墙结构	分部工程		主体工程
交底部位	预制剪力墙（内墙）	日期		年 月 日

交底内容：

一、安全交底

1. 进入施工现场必须遵守安全生产有关规定，戴好安全帽，高处作业的人员必须系牢安全带。

2. 工作前应检查施工使用的工具是否牢固，扳手等工具必须用绳链系在身上。

3. 起重机吊装时按要求设置醒目的警示标志，所有人员严禁在起重臂和吊起的重物下面停留或行走。

4. 起重机司机、指挥、起重工、电焊工等必须持证上岗，严禁无证操作。

5. 五级以上大风及雷雨等恶劣天气时应停止作业。

6. 吊装不易放稳的构件，应用卡环，不得用吊钩。

7. 使用抽销卡环吊构件时，卡环主体和销子必须系牢在绳扣上，并应将绳扣收紧。严禁在卡环下方拉销子。

8. 现场施工负责人应为起重作业提供足够的工作场地，清除或避开起重臂起落及回转半径内的障碍物。

9. 明确起重指挥人，现场工作人员必须听从指挥人的统一指挥，指挥人发出的信号、口令必须正确清楚。

10. 严禁高处作业人员向下乱丢物件，下方人员不能在起重物范围内走动。

11. 应对起重用的钢丝绳、滑轮等进行仔细检查，不合格的禁止使用，起重臂下严禁站人。

二、施工准备

1. 材料准备

砂浆、圆胶塞。

2. 主要机具

（1）机械：塔吊、水准仪、灌浆机等。

（2）工具：钢卷尺、墨斗、钢套板、斜支撑、靠尺、灰铲、吊环、撬棍、靠尺、镜子等。

3. 作业条件

（1）基础底板已按要求施工完毕，混凝土强度达到70%以上，并经建设单位专业工程师和监理工程师验收合格。

（2）相关材料机具准备齐全，作业人员到岗。

（3）预制剪力墙已进场，并验收合格。

三、施工工艺

工艺流程为：施工准备→清理基层→检查预留钢筋→测量放线→吊装预制剪力墙→安装临时支撑→钢筋套筒灌浆连接→自检与验收操作工艺。

1. 施工放线

根据设计图样要求在结构板上放线，将外墙板尺寸和定位线在结构板上标记出来。确保施工时，外墙定位准确。

（续）

2. 清理基层

吊装前，需要将外墙结合面浮尘清理干净，拉毛处理，保证外墙结合处灌浆时能结合牢固。

3. 检查预留钢筋

套板定位时专职测量放线员使用经纬仪和全站仪投放定位线，并用油漆做好标记，确保套板定位的准确。及时复核放线的准确性。在施工前将各个型号的墙钢套板逐个分门别类，并保证每个都配置一块钢套板。按照图样尺寸在钢套板表面印刻好轴线以及轴线编号，安放时将钢套板表面轴线与图样中的纵横轴线相对应，保证套板定位准确。套入钢套板后，根据钢套板的尺寸，调整歪斜钢筋，保证每个钢筋都在套板内，并垂直于楼面。

4. 垫片找平

用水准仪测量外墙结合面的水平高度，根据测量结果，选择合适厚度的垫片垫在外墙结合面处，确保外墙两端处于同一水平面。

5. 墙板吊装

吊装构件前，将万向吊环和内螺纹预埋件拧紧，预制墙板采用两点起吊，并采用专用吊具。起吊时轻起快吊，在距离安装位置500mm时停止构件下降。将一面小镜子放在墙板下方，以便施工人员观察外墙钢筋插孔是否对准。对准后缓缓降落，不可撞击钢筋，造成钢筋弯折。外叶墙板成企口状，与下层墙体间距为20mm，最下接缝宽度不能小于10mm。

6. 安装斜支撑

分别在墙板及楼板上的临时支撑预留螺母处安装支撑底座，并检查支撑底座安装牢固可靠，无松动现象。利用可调式支撑杆将墙体与楼面临时固定，每个构件至少使用两根斜支撑进行固定，并要安装在构件的同一侧面，确保构件稳定后方可摘除吊钩。

7. 垂直度校准

垂直度校准采用靠尺，对垂直度不满足要求的墙体，调节斜支撑杆，确保墙体垂直度在规定范围内。

8. 灌浆

（1）搅拌高强灌浆料以灌浆料和水搅拌而成。水必须称量后加入，精确至0.1kg，拌和用水应采用饮用水，使用其他水源时，应符合《混凝土用水标准（附条文说明）》（JGJ 63—2006）的规定。灌浆料的加水量一般控制在13%～15%之间[重量比：灌浆料∶水 = 1∶(0.13～0.15)]。根据工程具体情况可由厂家推荐加水量，原则为不泌水，流动度不小于270mm（不振动自流情况下）。高强无收缩灌浆料的拌和采用手持式搅拌机搅拌，搅拌时间3～5min。搅拌完的拌和物，随停放时间增长，其流动性降低。自加水算起应在40min内用完。灌浆料未用完应丢弃，不得二次搅拌使用，灌浆料中严禁加入任何外加剂或外掺剂。

（2）将搅拌好的灌浆料倒入螺杆式灌浆泵，开动灌浆泵，控制灌浆料流速在0.8～1.2L/min之间，待有灌浆料从压力软管中流出时，插入钢套管灌浆孔中。应从一侧灌浆，灌浆时必须考虑排除空气，两侧以上同时灌浆会窝住空气，形成空气夹层。从灌浆开始，可用竹子疏导拌和物，这样可以加快灌浆进度，促使拌和物流进模板内各个角落。灌浆过程中，不准许使用振动器振捣，确保灌浆层匀质性。灌浆开始后，必须连续进行，不能间断，并尽可能缩短灌浆时间。在灌浆过程中发现已灌入的拌和物有浮水时，应当马上灌入较稠一些的拌和物，使其吃掉浮水。当有灌浆料从钢套管溢浆孔溢出时，用橡皮塞堵住溢浆孔，直至所有钢套管中灌满灌浆料，停止灌浆。

专业技术负责人：   交底人：   接收人：

注：本表一式四份，建设单位、监理单位、施工单位、城建档案馆各一份。

二、教师审查每个小组成果并提出整改建议

整改建议记录：

三、各小组进一步优化方案并确定最终施工技术交底

最终工作方案记录：

 实践成果

收集资料，填写装配式混凝土结构工程验收表。

1）装配式构件施工安全技术交底记录（表4-4）。

2）装配式混凝土结构工程隐藏检验记录（表4-5）。

表4-4　装配式构件施工安全技术交底记录

工程名称		建设单位	
监理单位		施工单位	
交底部位		交底日期	
交底人签字		接收人签字	

交底内容：

参加单位及人员	

注：本表一式四份，建设单位、监理单位、施工单位、城建档案馆各一份。

表4-5　装配式混凝土结构工程隐蔽检验记录

工程名称		施工单位		分项工程名称		图号	
隐蔽日期	隐蔽部位、内容	单位	数量	检查情况		监理建设单位验收记录	

有关测试资料			
名　称	测试结果	证、单编号	备　注

附图

参加检查人员签字		
施工单位	监理单位	建设单位
项目技术负责人：	监理工程师： （注册方章）	现场代表：

注：本表一式四份，建设单位、施工单位、监理单位、城建档案馆各一份。

典型任务2 装配式混凝土结构工程施工进度计划编制

知识点：

1. 装配式混凝土结构工程施工人力、施工机械、运输的选择和配备。
2. 装配式混凝土结构工程施工工期管理措施。
3. 装配式混凝土结构工程施工进度计划。

能力（技能）点：

1. 能够根据施工交底协调施工机械、人力、运输进行装配式混凝土结构工程施工。
2. 能够按照已知工程量编制装配式混凝土结构工程施工进度计划。

实践目的

1）以实际应用为主，培养实际操作能力，提高动手能力。

2）通过现场具体操作训练，获得生产技能和施工方面的实际知识，理解并系统掌握装配式混凝土结构工程施工工艺流程、施工进度计划编制的主要内容。

实践分解任务

1）掌握装配式混凝土结构工程施工人力、施工机械、运输的选择和配备。

2）掌握装配式混凝土结构工程施工工期管理措施。

3）编制装配式混凝土结构工程施工进度计划。

实践分组

以小组为单位（6～8人为一组），在规定时间内完成以上内容。

实践场地

实训室、机房。

实践实施过程

一、提出工作计划和方案

引导问题1：装配式混凝土结构工程施工人力、施工机械、运输应如何选择？

运用知识：

1. 施工人力劳动力计划表（表4-6）

表4-6 施工人力劳动力计划表

工种	打桩工程	钢构件加工	基础工程	主体工程	主体围护工程	装饰工程	扫尾工程
钢筋工	10	0	20	0	0	5	0

（续）

工种	打桩工程	钢构件加工	基础工程	主体工程	主体围护工程	装饰工程	扫尾工程
焊工	0	20	5	15	2	0	2
油漆工/涂料工	0	3	0	3	0	8	2
电工	1	1	1	1	1	1	1
普工	12	8	16	16	16	16	5
安装工	0	0	0	10	10	0	2
管工	2	0	4	4	4	4	2
机工	3	5	3	3	3	3	1
防水工	0	0	5	8	8	5	2
测量工	3	3	3	3	3	3	2
架子工	0	0	6	8	8	3	2
木工	2	0	10	10	2	2	2
混凝土工	10	0	20	10	0	0	5
水电安装工	0	0	0	8	8	12	6
清洁工	2	2	2	2	2	2	2

2. 主要施工机械设备及用途（表4-7）

表4-7 主要施工机械设备及用途

序号	机械名称	用途
1	混凝土搅拌机	使处于搅拌过程中的拌合料各组分的运动轨迹在相对集中区域内互相交错穿插
2	砂浆搅拌机	把水泥、砂石集料和水混合并拌制成砂浆混合料
3	电焊机	用于材料焊接
4	对焊机	利用两工件接触面之间的电阻，瞬间通过低电压大电流，使两个互相对接的金属接触面瞬间发热至融化并融合
5	钢筋弯曲机	为了弯曲各种直径的钢筋，在工作盘上有几个孔，用以插压弯销轴，也可相应地更换不同直径的中心销轴
6	钢筋切断机	主要用于土建工程中对钢筋的定长切断，是钢筋加工环节必不可少的设备
7	自卸汽车	利用本车发动机动力驱动液压举升机构，将其车厢倾斜一定角度卸货，并依靠车厢自重使其复位
8	蛙式打夯机	利用冲击和冲击振动作用分层夯实回填土
9	抽水泵	当施工现场存在积水或排水时可用于快速排涝
10	塔式起重机	吊钢筋、木楞、混凝土、钢管等施工的原材料
11	物料提升机	主要用于粉状、颗粒状及小块物料的连续垂直提升
12	插入式振动棒	能够使混凝土密实结合，消除混凝土的蜂窝麻面等现象，提高强度
13	平板式振动器	用以混凝土捣实和表面振实，浇筑混凝土、墙、主梁、次梁及预制构件等

引导问题2：装配式混凝土结构工程施工工期管理措施有哪些？

运用知识：

1）选用合适的方式。根据当地的具体情况，此工程选用的是施工一体化的承包方式，增强对设计和施工相关公司的监管，维持建筑行业市场秩序，确保在施工过程中工人的安全和建筑的质量。加大设计方与施工方之间的协调与沟通，增强其良性合作。

在设计方面，不仅对建筑方案，还要对施工流程、设备材料的选用、企业品牌的宣传工作作出最大的优化。

2）设计与施工并驾齐驱。装配式剪力墙结构工程可以高效率、高质量地完成，原因之一便是可以让设计和施工几乎同步进行。但这对设计的精细度和灵活性要求极高，同时要密切地协调好设计与采购、修建、装修之间的实时同步。相应地，施工人员也要注重对设备、资源的合理安排利用，避免同设计出现时间或空间上的差异。

引导问题3：施工进度计划分为哪几类？

运用知识：

施工进度计划按编制对象的不同可分为：建设项目施工总进度计划、单位工程进度计划、分阶段工程（或专项工程）进度计划、分部分项工程进度计划4种。

① 建设项目施工总进度计划：以一个建设项目或一个建筑群体为编制对象，用以指导整个建设项目或建筑群体施工全过程进度控制的指导性文件。它按照总体施工部署确定了每个单项工程、单位工程在整个项目施工组织中所处的地位，也是安排各类资源计划的主要依据和控制性文件。由于施工内容多，施工工期长，故其主要体现综合性、控制性。建设项目施工总进度计划一般在总承包企业的总工程师领导下进行编制。

② 单位工程进度计划：以一个单位工程为编制对象，在项目总进度计划控制目标的原则下，用以指导单位工程施工全过程进度控制的指导性文件。由于它所包含的施工内容具体明确，故其作业性强，是控制进度的直接依据。单位工程进度计划在单位工程开工前，由项目经理组织，在项目技术负责人领导下进行编制。

③ 分阶段工程（或专项工程）进度计划：以工程阶段目标（或专项工程）为编制对象，用以指导其施工阶段（或专项工程）实施过程的进度控制文件。

④ 分部分项工程进度计划：以分部分项工程为编制对象，用以具体实施操作其施工过程进度控制的专业性文件。分阶段、分部分项进度计划是专业工程具体安排控制的体现，通常由专业工程师或负责分部分项的工长进行编制。

引导问题4：施工进度计划的编制依据和编制方法是什么？

运用知识：

1. 施工进度计划的编制依据

施工进度计划的编制依据有：主管部门的批示文件及建设单位的要求；施工图样及设计单位对施工的要求；施工企业年度计划对该工程的安排和规定的有关指标；单位工程组织设计对该工程的有关部门规定和安排；资源配备情况，如：施工中需要的劳动力、施工机具和设备、材料、预制构件和加工品的供应能力及来源情况；建设单位可能提供的条件和水电供应情况；施工现场条件和勘察资料；预算文件和国家及地方规范等资料。

2. 施工进度计划的编制方法

（1）横道计划图法　横道计划图法是常见的施工进度计划编制方法，它按时间坐标绘出，横向线条表示工程各工序的施工起止时间先后顺序，整个计划由一系列横道线组成。横道计划图法的优点是易于编制、简单明了、直观易懂、便于检查和计算资源，特别适合于现场施工管理。横道图的编制程序如下。

1）将构成整个工程的全部分项工程纵向排列填入表中。

2）分别计算所有分项工程施工所需要的时间。

3）如果在工期内能完成整个工程，则将第2）项所计算出来的各分项工程所需工期安排在图表上，编排出日程表。这个日程的分配是为了在预定的工期内完成整个工程，对各分项工程的所需时间和施工日期进行试算分配。

（2）网络计划法　网络计划法能明确地反映出工程各组成工序之间的相互制约和依赖关系，可以用于进行时间分析，确定出哪些工序是影响工期的关键工序，以便施工管理人员集中精力解决施工中的主要矛盾，减少盲目性。网络计划法是一个定义明确的数学模型，可以建立各种调整优化方法，并可利用计算机进行分析计算。

网络计划的编制程序如下：调查研究→确定方案→划分工序→估算时间→编工序表→画网络图→画时标网络图→画资源曲线→可行性判断→优化程度判断。

大多数的工序都有确定的实物工程量，可按工序的工程量，并根据投入资源的多少及该工序的定额计算出作业时间。若该工序无定额可查，则可组织有关管理干部、技术人员、操作工人等，根据有关条件和经验，对完成该工序所需时间进行估计。

在实际施工过程中，应注意横道计划图法和网络计划法的结合使用，即在应用计算机编制施工进度计划时，先用网络计划法进行时间分析，确定关键工序，进行调整优化，然后输出相应的横道计划图用于指导现场施工。

3. 施工进度网络计划的时间优化

在网络计划中，关键线路控制着任务的工期，因此缩短工期的着眼点是关键线路，但是采取硬性压缩关键工作的持续时间来达到缩短工期的目的，并不是很好的办法。在网络计划的时间优化中，缩短工期主要通过调整工作的组织措施来实现。

1）顺序作业调整为搭接作业几个顺序进行的工作，若紧前工作部分完成后，其紧后工作就可以开始，那么可以将各工作分别划分成若干个流水段，组织流水作业，明显可以缩短工期。前一道工序完成了一部分，后一道工序就插上去施工，前后工序在不同的流水段上平行作业，在保证满足必要的施工工作面的条件下，流水段分得越细，前后工序投入施工的时间间隔（流水步距）越小，施工的搭接程度越高，总工期就越短。

2）对工程项目进行合理排序。如果一个施工项目可以分成若干个流水段，每个流水段都要经过相同的若干道工序，每道工序在各个流水段上的施工时间又不完全相同，如何选择合理的流水顺序就是一个很有意义的问题。因为由施工工艺决定的工作顺序是不可改变的，但流水顺序却是可以改变的，不同的流水顺序，其总工期也不同。

3）相应地推迟非关键工序的开始时间。假设工作A、B平行进行，A为非关键工作，完成A需8天，B为关键工作，完成B需20天。若规定工期为16天，为了加快关键工作B，把工期由20天缩短到16天，可以把工作A的人力转移部分到工作B，而工作A在工作B之后开始，这样工期就可以从原来的20天缩短到16天。

4）相应地延长非关键工作的持续时间。有时还可以采用延长非关键工作的持续时间，而将其人力物力调到关键工作上去，以便达到压缩关键工作持续时间，缩短工期的目的。

5）从计划外增加资源。因为项目进度计划的总工期是由关键线路的长度决定的，因此，要缩短计划工期，必须压缩关键线路，即选择关键线路上某些有可能缩短施工时间的工序，通过增加资源投入等方法，来达到压缩工期的目的。

标准层工期分解见表4-8。

建筑工程施工工艺实施与管理实践（中级）

表 4-8　标准层工期分解

施工工序	第1天		第2天		第3天		第4天		第5天		第6天		第7天		第8天		第9天	
	上午	下午	上午	下午	上午	下午	上午	下午	上午	下午	上午	下午	上午	下午	上午	下午	上午	下午
悬挑架搭设	━	━	━	━	━													
楼层放线			━	━	━													
预制墙体吊装						━	━	━										
预制墙体注浆						━	━	━										
现浇节点钢筋绑扎							━	━	━									
现浇节点支模								━	━	━	━							
水平支撑架体安装										━	━	━						
叠合板吊装													━	━				
阳台、空调板吊装															━			
楼板钢筋绑扎															━	━		
水电管线安装																━	━	
混凝土浇筑																	━	━

填表说明

1. 本表所有工种施工日期及人数是按理论量标示，实际施工可能有所出入，现场必须灵活掌握相关进度。

2. 消防及空调因工种特殊没有列到此表中，在实际施工中应合理安排穿插进行。

3. 图样深化及所有材料确认、材料样品封样必须在开工前全部完成。

4. 因更改图样或业主原因部分工期延后，应尽量调整保证总工期。

二、教师审查每个小组施工进度计划的编制依据和编制方法并提出整改建议

整改建议记录：

三、各小组进一步优化编制方案并确定最终施工计划

最终施工计划：

实践成果

依据工程实例及工期要求完成施工准备工作计划一览表。

1）计算劳动人力需要计划表。

2）机械机具需求计划表。

3）砌筑工程施工作业计划表（横道图表）。

装配式混凝土结构工程施工工艺及主控项目质量检查

> **知识点：**
> 1. 装配式混凝土结构工程施工工艺。
> 2. 装配式混凝土结构工程施工工艺标准。
> 3. 装配式混凝土结构工程主控项目质量检查。
>
> **能力（技能）点：**
> 1. 能够监督装配式混凝土结构工程施工工艺流程，确保其符合工艺标准。
> 2. 能应用施工质量验收规范，对装配式混凝土结构工程主控项目进行质量检查，使其符合质量验收规范要求。

 **实践目的**

1）以实际应用为主，培养实际操作能力，提高动手能力。

2）通过现场具体操作训练，获得生产技能和施工方面的实际知识，熟知装配式混凝土结构工程施工工艺流程，掌握装配式混凝土结构主控项目质量检验的主要内容。

 实践分解任务

1）明确装配式混凝土结构各构件的施工工艺流程。

2）根据建筑工程质量验收方法及相关验收规范，对装配式混凝土结构工程主控项目进行质量检验，并填写质量检查表。

 **实践分组**

以小组为单位（6~8人为一组），在规定时间内完成以上任务。

 实践场地

实训室。

 实践实施过程

一、小组讨论装配式混凝土结构工程施工工艺流程

引导问题1：装配式混凝土结构工程施工工艺流程有哪些？

运用知识：预制构件进场验收→吊装准备→预制柱吊装、固定、校正、连接→预制梁吊装、固定、校正、连接→预制板吊装、固定、校正、连接→浇筑梁板叠合层混凝土→预制楼梯吊装、固定、校正、连接→预制墙板吊装、固定、校正、连接。

引导问题2：预制构件安装施工要点有哪些？

120

运用知识：

1. 预制柱吊装施工要点

安装吊具→预制框架柱扶直→预制框架柱吊装→支撑连接设置复核→预留钢筋就位→水平调整、竖向校正→斜支撑固定→摘钩。

2. 预制梁安装施工要点

设置梁底支撑→拉设安全绳→预制梁起吊→预制梁就位安放→微调控位→摘钩。

3. 预制板安装施工要点

搭设板底支撑→预制板吊装→预制板就位→预制板微调控位→摘钩。

4. 预制剪力墙安装施工要点

挂钩→起吊→校核→临时固定→调整→摘钩。

5. 预制楼梯安装施工要点

预制楼梯吊装→预制楼梯安装就位→预制楼梯微调定位→吊具拆除。

6. 预制阳台、空调板安装施工工艺流程

搭设板底支撑→预制板吊装→预制板就位→预制板微调定位→摘钩。

二、填写主控项目质量验收表

1）预制构件临时固定措施应符合施工方案的要求。

检查数量：全数检查。

检验方法：观察。

2）固定在模板上的预埋件、预留孔和预留洞均不得遗漏，且应安装牢固，其偏差应符合表4-9的规定。预制构件宜预留与模板连接用的孔洞、螺栓，预留位置与模板模数相协调并便于模板安装。

表4-9　预埋件和预留孔洞的允许偏差

项目		允许偏差/mm
预埋钢板中心线		3
预埋管、预留孔中心线位置		3
插筋	中心线位置	5
	外露长度	±10.0

注：检查中心线位置时，应沿纵、横两个方向量测，并取其中的较大值。

检查数量：在同一检验批内，对梁、柱，应抽查构件数量的10%，且不少于3件；对墙和板，应按有代表性的自然间抽查10%，且不少于3间；对大空间结构墙，可按相邻轴线间高度5m左右划分检查面，板可按纵、横轴线划分检查面，抽查10%，且均不少于3面。

检验方法：观察，尺量；检查处理记录。

3）模板与支撑应保证工程结构和构件的定位、各部分形状、尺寸和位置准确。模板安装的偏差应符合表4-10的规定。

检查数量：在同一检验批内，对梁、柱和独立基础，应抽查构件数量的10%，且不少于3件；对墙和板，应按有代表性的自然间抽查10%，且不少于3间；对大空间结构，墙可按相邻轴线间高度5m左右划分检查面，板可按纵、横轴线划分检查面，抽查10%，且均不少于 3 面。

检验方法：观察，尺量；检查处理记录。

表 4-10　模板安装的允许偏差及检验方法

项目		允许偏差/mm	检验方法
轴线位置		5	钢尺检查
底模上表面标高		±5	水准仪或拉线、钢尺检查
截面内部尺寸	基础	±10	钢尺检查
	柱、墙、梁	+4，−5	钢尺检查
层高垂直度	不大于5m	6	经纬仪或吊线、钢尺检查
	大于5m	8	经纬仪或吊线、钢尺检查
相邻两板表面高低差		2	钢尺检查
表面平整度		5	2m靠尺和塞尺检查

注：检查轴线位置时，应沿纵、横两个方向量测，并取其中的较大值。

4）与预制构件连接的定位插筋、连接钢筋及预埋件等安装位置的偏差应符合表 4-11 的规定。

表 4-11　定位插筋、连接钢筋及预埋件等安装位置的允许偏差和检验方法

项目		允许偏差/mm	检验方法
定位插筋	中心线位置	2	定型工具检查
	长度	3，0	钢尺检查
安装预埋件	中心线位置	5	钢尺检查
	水平偏差	3，0	钢尺检查
连接钢筋	位置	±10	钢尺检查
	长度	+8，0	钢尺检查

检查数量：全数检查。

检验方法：观察，尺量；检查处理记录。

5）装配式混凝土结构的后浇混凝土中钢筋安装位置的偏差应符合表 4-12 的规定。

表 4-12　后浇混凝土中钢筋安装位置的允许偏差和检验方法

项目			允许偏差/mm	检验方法
绑扎钢筋网	长、宽		±10	钢尺检查
	网眼尺寸		±20	钢尺量连续三挡，取最大值
绑扎钢筋骨架	长		±10	钢尺检查
	宽、高		±5	钢尺检查
受力钢筋	间距		±10	钢尺量测两端、中间各取一点，取最大值
	排距		±5	
	保护层厚度	基础	±10	钢尺检查
		柱、梁	±5	钢尺检查
		板、墙、壳	±3	钢尺检查

（续）

项目		允许偏差/mm	检验方法
绑扎钢筋、横向钢筋间距		±20	钢尺量连续三挡，取最大值
钢筋弯起点位置		20	钢尺检查
预埋件	中心线位置	±10	钢尺量连续三挡，取最大值
	水平高差	+3，0	钢尺检查

注：1. 检查预埋件中心线位置时，应沿纵、横两个方向量测，并取其中的较大值。

  2. 表中梁类、板类构件上部纵向受力钢筋保护层厚度的合格点率应达到90%及以上，且不得有超过表中数值1.5倍的尺寸偏差。

检查数量：在同一检验批内，对梁、柱，应抽查构件数量的10%，且不少于3件；对墙和板，应按有代表性的自然间抽查10%，且不少于3间；对大空间结构，墙可按相邻轴线间高度5m左右划分检查面，板可按纵、横轴线划分检查面，抽查10%，且均不少于3面。

检验方法：观察，尺量；检查处理记录。

6）钢筋采用套筒灌浆连接时，灌浆应饱满、密实，其材料及连接质量应符合《钢筋套筒灌浆连接应用技术规程》（JGJ 355—2015）的规定。

检查数量：按《钢筋套筒灌浆连接应用技术规程》（JGJ 355—2015）的规定确定。

检验方法：检查质量证明文件、灌浆记录及相关检验报告。

7）钢筋采用焊接连接时，其接头质量应符合《钢筋焊接及验收规程》（JGJ 18—2012）的规定。

检查数量：按《钢筋焊接及验收规程》（JGJ 18—2012）的有关规定确定。

检验方法：检查质量证明文件及平行加工试件的检验报告。

8）钢筋采用机械连接时，其接头质量应符合《钢筋机械连接技术规程》（JGJ 107—2016）的规定。

检查数量：按《钢筋机械连接技术规程》（JGJ 107—2016）的规定确定。

检验方法：检查质量证明文件、施工记录及平行加工试件的检验报告。

9）预制构件采用焊接、螺栓连接等连接方式时，其材料性能及施工质量应符合《钢结构工程施工质量验收规范》（GB 50205—2020）和《钢筋焊接及验收规程》（JGJ 18—2012）的相关规定。

检查数量：按《钢结构工程施工质量验收规范》（GB 50205—2020）和《钢筋焊接及验收规程》（JGJ 18—2012）的规定确定。

检验方法：检查施工记录及平行加工试件的检验报告。

10）装配式结构采用现浇混凝土连接构件时，构件连接处后浇混凝土的强度应符合设计要求。

检查数量：按《混凝土结构工程施工质量验收规范》（GB 50204—2015）的规定确定。

检验方法：检查混凝土强度试验报告。

11）装配式结构施工后，其外观质量不应有严重缺陷，且不应有影响结构性能和安装、使用功能的尺寸偏差。

检查数量：全数检查。

检验方法：观察，量测；检查处理记录。

装配式混凝土结构模板工程质量验收记录见表4-13。

表4-13　装配式混凝土结构模板工程质量验收记录

单位（子单位）工程名称	某办公大楼	分部（子分部）工程名称	主体结构－混凝土结构	分项工程名称	模板工程
施工单位	某建工集团	项目负责人	张某	检验批容量	/
分包单位	/	分包单位项目负责人	/	检验批部位	叠合楼板
施工依据	《混凝土结构工程施工规范》（GB 50666—2011）		验收依据	《混凝土结构工程施工质量验收规范》（GB 50204—2015）	

项目		允许偏差/mm	检验方法	检查记录	检查结果
轴线位置		5	钢尺检查	符合规范要求	合格
底模上表面标高		±5	水准仪或拉线、钢尺检查	符合规范要求	合格
截面内部尺寸	基础	±10	钢尺检查	符合规范要求	合格
	柱、墙、梁	+4，-5	钢尺检查	符合规范要求	合格
层高垂直度	不大于5m	6	经纬仪或吊线、钢尺检查	符合规范要求	合格
	大于5m	8	经纬仪或吊线、钢尺检查	符合规范要求	合格
相邻两板表面高低差		2	钢尺检查	符合规范要求	合格
表面平整度		5	2m靠尺和塞尺检查	符合规范要求	合格
施工单位检查结果	经检验，各项数据符合规范要求 专业工长： 项目专业质量检查员：　　　　　年　月　日				
监理单位	合格，同意验收 专业监理工程师：　　　　　年　月　日				

三、教师审查每个小组成果并提出整改建议

整改建议记录：

四、优化方案，确定最终工作方案

最终工作方案记录：

实践成果

1）完成装配式钢筋混凝土结构安装施工主控项目质量验收表（表4-14）的编写。

2）工作情境模拟操作。

表4-14 装配式钢筋混凝土结构模板工程质量验收记录

单位（子单位）工程名称			分部（子分部）工程名称		分项工程名称	
施工单位			项目负责人		检验批容量	
分包单位			分包单位项目负责人		检验批部位	
施工依据				验收依据		
项目		允许偏差/mm	检验方法		检查记录	检查结果
轴线位置		5	钢尺检查			
底模上表面标高		±5	水准仪或拉线、钢尺检查			
截面内部尺寸	基础	±10	钢尺检查			
	柱、墙、梁	+4，−5	钢尺检查			
层高垂直度	不大于5m	6	经纬仪或吊线、钢尺检查			
	大于5m	8	经纬仪或吊线、钢尺检查			
相邻两板表面高低差		2	钢尺检查			
表面平整度		5	2m靠尺和塞尺检查			
施工单位检查结果	专业工长： 项目专业质量检查员：				年 月 日	
监理单位	专业监理工程师：				年 月 日	

典型任务 4 装配式混凝土结构工程一般项目允许偏差实物检测

> **知识点：**
> 装配式混凝土结构工程一般项目质量检查。
> **能力（技能）点：**
> 1. 能够监督装配式混凝土结构工程施工工艺流程，确保其符合工艺标准。
> 2. 能应用施工质量验收规范，对装配式混凝土结构工程一般项目进行质量检查，达到质量验收规范要求。

 实践目的

1）以实际应用为主，培养实际操作能力，提高动手能力。

2）通过现场具体操作训练，获得生产技能和施工方面的实际知识，熟知装配式混凝土结构工程施工工艺流程，掌握装配式混凝土结构一般项目质量检验的主要内容。

 **实践分解任务**

1）明确装配式混凝土结构各构件的施工工艺流程。

2）根据建筑工程质量验收方法及相关验收规范对装配式混凝土结构工程一般项目进行质量检验，并填写质量检查表。

 实践分组

以小组为单位（6~8人为一组），在规定时间内完成以上任务。

实践场地

实训室。

 实践实施过程

一、各工序一般项目的质量验收及检查方法

引导问题：装配式混凝土结构工程一般项目的质量验收及检验方法有哪些？

运用知识：

1）外观质量。装配式结构施工后，其外观质量不应有一般缺陷。

检查数量：全数检查。

检验方法：观察，检查处理记录。

2）构件接缝位置。预制构件之间、内浇外挂结构中预制构件与主体结构之间、预制构件与现浇结构之间节点接缝密封良好，灌浆或混凝土浇筑时不得漏浆；节点处模板在混凝土浇筑时不应产生明显变形和漏浆。

检查数量：全数检查。

检验方法：观察检查。

3）预制构件拼缝密封、防水节点基层应符合设计要求，密封胶打注应饱满、密实、连续、均匀、无气泡，宽度和深度符合要求，密封胶缝应横平竖直、深浅一致、宽窄均匀、光滑顺直。

检查数量：全数检查。

检验方法：观察检查。

4）装配式结构安装完毕后，尺寸偏差应符合表 4-15 要求。

检查数量：按楼层、结构缝或施工段划分检验批。在同一检验批内，对梁、柱，应抽查构件数量的 10%，且不少于 3 件；对墙和板，应按有代表性的自然间抽查 10%，且不少于 3 间；对大空间结构，墙可按相邻轴线间高度 5m 左右划分检查面，板可按纵、横轴线划分检查面，抽查 10%，且均不少于 3 面。

表 4-15　预制结构构件安装尺寸的允许偏差及检验方法

项目			允许偏差/mm	检验方法
长度	楼板、梁、柱	<12m	±5	尺量检查
		≥12m 且 <18m	±10	
		≥18m	±20	
	墙板		±4	
宽度	楼板、梁、柱		±5	尺量一端及中部，取其中偏差绝对值较大处
	墙板		±3	
高度	楼板		±5	尺量一端及中部，取其中偏差绝对值较大处
	内墙板		±3	
	夹心保温外墙板	内叶	0，±3	
		外叶	±3	
		总厚度	±3	
	柱、梁		±5	
表面平整度	楼板、梁、柱、墙板内表面		5	2m 靠尺和塞尺量测
	墙板外表面		3	
侧向弯曲	楼板、梁、柱		L/750 且 ≤20	拉线、直尺量测最大侧向弯曲处
	墙板		L/1000 且 ≤20	
翘曲	楼板		10	调平尺在两端量测
	墙板		5	
对角线差	楼板		5	尺量两个对角线
	墙板		±5	
预留孔	中心线位置		5	尺量检查
	孔尺寸		±5	

（续）

项目		允许偏差/mm	检验方法
预留洞	中心线位置	10	尺量检查
	洞口尺寸、深度	±10	
预埋件	预埋板中心线位置	5	尺量检查
	预埋板与混凝土平面高差	0，−5	
	预埋螺栓孔中心线位置	2	
	预埋螺栓外露长度	+10，−5	
	预埋套筒、螺母中心线位置	2	
	预埋套筒、螺母与混凝土表面高差	0，−5	
预留插筋	中心线位置	3	尺量检查
	外露长度	±5	
键槽	中心线位置	5	尺量检查
	长度、深度、宽度	±5	

注：L 为构件长度（mm）。

5）预制构件节点与接缝处混凝土、砂浆、灌浆料应符合国家现行标准和设计要求。

检查数量：全数检查。

检验方法：检查试验报告。

6）预制构件拼缝处的密封、防水材料应符合国家现行标准和设计要求。

检查数量：全数检查。

检验方法：检查合格证、试验报告。

7）对灌浆套筒或浆锚孔洞及预制件与楼面板之间的水平缝进行灌浆时，应保证所有出浆孔有浆体连续流出。

检查数量：全数检查。

检验方法：观察检查全程影像资料。

装配式结构预制构件外观质量检验记录见表4-16。

表4-16　装配式结构预制构件外观质量检查记录

单位（子单位）工程名称	某办公大楼	分部（子分部）工程名称	主体结构−混凝土结构	分项工程名称	预制构件进场验收
施工单位	某建工集团	项目负责人	张某	检验批容量	/
分包单位	/	分包单位项目负责人	/	检验批部位	/
施工依据	《混凝土结构工程施工规范》（GB 50666—2011）		验收依据	《混凝土结构工程施工质量验收规范》（GB 50204—2015）	

（续）

项目			允许偏差/mm	检验方法	检查记录	检查结果
长度	楼板、梁、柱	<12m	±5	尺量检查	符合规范要求	合格
		≥12m且<18m	±10		符合规范要求	合格
		≥18m	±20		符合规范要求	合格
	墙板		±4		符合规范要求	合格
宽度	楼板、梁、柱		±5	尺量一端及中部，取其中偏差绝对值较大处	符合规范要求	合格
	墙板		±3		符合规范要求	合格
高度	楼板		±5	尺量一端及中部，取其中偏差绝对值较大处	符合规范要求	合格
	内墙板		±3		符合规范要求	合格
	夹心保温外墙板	内叶	0，±3		符合规范要求	合格
		外叶	±3		符合规范要求	合格
		总厚度	±3		符合规范要求	合格
	柱、梁		±5		符合规范要求	合格
表面平整度	楼板、梁、柱、墙板内表面		5	2m靠尺和塞尺量测	符合规范要求	合格
	墙板外表面		3		符合规范要求	合格
侧向弯曲	楼板、梁、柱		$L/750$ 且≤20	拉线、直尺量测最大侧向弯曲处	符合规范要求	合格
	墙板		$L/1000$ 且≤20		符合规范要求	合格
翘曲	楼板		10	调平尺在两端量测	符合规范要求	合格
	墙板		5		符合规范要求	合格
对角线差	楼板		5	尺量两个对角线	符合规范要求	合格
	墙板		±5		符合规范要求	合格
预留孔	中心线位置		5	尺量检查	符合规范要求	合格
	孔尺寸		±5		符合规范要求	合格
预留洞	中心线位置		10	尺量检查	符合规范要求	合格
	洞口尺寸、深度		±10		符合规范要求	合格
预埋件	预埋板中心线位置		5	尺量检查	符合规范要求	合格
	预埋板与混凝土平面高差		0，-5		符合规范要求	合格
	预埋螺栓孔中心线位置		2		符合规范要求	合格
	预埋螺栓外露长度		+10，-5		符合规范要求	合格
	预埋套筒、螺母中心线位置		2		符合规范要求	合格
	预埋套筒、螺母与混凝土表面高差		0，-5		符合规范要求	合格
预留插筋	中心线位置		3	尺量检查	符合规范要求	合格
	外露长度		±5		符合规范要求	合格

（续）

项目		允许偏差/mm	检验方法	检查记录	检查结果
键槽	中心线位置	5	尺量检查	符合规范要求	合格
	长度、深度、宽度	±5		符合规范要求	合格
施工单位检查结果	经检验，各项数据符合规范要求 专业工长： 项目专业质量检查员：　　　　　　　　　　　年　月　日				
监理单位	合格 专业监理工程师：　　　　　　　　　　　　　年　月　日				

二、教师审查每个小组成果并提出整改建议

整改建议记录：

三、优化方案，确定最终工作方案

 实践成果

1）完成装配式钢筋混凝土结构安装施工一般项目质量验收表（表4-17）的编写。

2）工作情境模拟操作。

表4-17　装配式结构预制构件外观质量检查记录

单位（子单位）工程名称		分部（子分部）工程名称		分项工程名称	
施工单位		项目负责人		检验批容量	
分包单位		分包单位项目负责人		检验批部位	
施工依据		验收依据			

（续）

项目			允许偏差/mm	检验方法	检查记录	检查结果
长度	楼板、梁、柱	<12m	±5	尺量检查		
		≥12m 且 <18m	±10			
		≥18m	±20			
	墙板		±4			
宽度	楼板、梁、柱		±5	尺量一端及中部，取其中偏差绝对值较大处		
	墙板		±3			
高度	楼板		±5	尺量一端及中部，取其中偏差绝对值较大处		
	内墙板		±3			
	夹心保温外墙板	内叶	0，±3			
		外叶	±3			
		总厚度	±3			
	柱、梁		±5			
表面平整度	楼板、梁、柱、墙板内表面		5	2m 靠尺和塞尺量测		
	墙板外表面		3			
侧向弯曲	楼板、梁、柱		L/750 且 ≤20	拉线、直尺量测最大侧向弯曲处		
	墙板		L/1000 且 ≤20			
翘曲	楼板		10	调平尺在两端量测		
	墙板		5			
对角线差	楼板		5	尺量两个对角线		
	墙板		±5			
预留孔	中心线位置		5	尺量检查		
	孔尺寸		±5			
预留洞	中心线位置		10	尺量检查		
	洞口尺寸、深度		±10			
预埋件	预埋板中心线位置		5	尺量检查		
	预埋板与混凝土平面高差		0，−5			
	预埋螺栓孔中心线位置		2			
	预埋螺栓外露长度		+10，−5			
	预埋套筒、螺母中心线位置		2			
	预埋套筒、螺母与混凝土表面高差		0，−5			
预留插筋	中心线位置		3	尺量检查		
	外露长度		±5			
键槽	中心线位置		5	尺量检查		
	长度、深度、宽度		±5			
施工单位检查结果	专业工长： 项目专业质量检查员： 年　月　日					
监理单位	专业监理工程师： 年　月　日					

装配式混凝土结构工程施工质量验收

知识点：

1. 装配式混凝土结构工程竣工验收标准、规范。

2. 装配式混凝土结构工程施工质量验收。

能力（技能）点：

1. 能够按照《建筑工程施工质量验收统一标准》（GB 50300—2013）填写装配式混凝土结构工程施工记录。

2. 能够按照《建筑工程施工质量验收统一标准》（GB 50300—2013）填写装配式混凝土结构工程施工质量验收检查表。

 实践目的

1）以实际应用为主，培养实际操作能力，提高动手能力。

2）通过具体操作训练，掌握装配式混凝土结构工程竣工验收标准、规范以及装配式混凝土结构工程施工质量验收。

 实践分解任务

1）掌握装配式混凝土结构工程竣工验收标准、规范。

2）掌握装配式混凝土结构工程施工质量验收。

3）填写装配式混凝土结构工程验收记录。

 实践分组

以小组为单位（6～8人为一组），在规定时间内完成以上内容。

 实践场地

实训室、机房。

 实践实施过程

一、提出工作计划和方案。

引导问题1：装配式混凝土结构工程竣工验收的基本规定有哪些？

运用知识：

1. 质量验收一般规定

1）装配式混凝土结构质量验收除应执行《建筑工程施工质量验收统一标准》（GB 50300—2013）外，尚应符合《混凝土结构工程施工质量验收规范》（GB 50204—2015）的规定。当结构中部分采用现浇混凝土结构时，现浇混凝土结构部分质量验收应按《混凝土结构工程施工质量验收规范》（GB 50204—2015）执行。

2）装配式混凝土结构应按混凝土结构子分部工程的一个分项工程进行质量验收。

3）分项工程的验收应划分检验批，检验批可按进场批次、工作班、楼层、结构缝或施工段划分。

4）检验批、分项工程的验收程序应符合《建筑工程施工质量验收统一标准》（GB 50300—2013）的规定。

5）有防渗要求的接缝应按照《建筑幕墙》（GB/T 21086—2007）的试验方法进行现场淋水试验。

2. 检验批合格标准

1）主控项目和一般项目的质量经抽样检验合格。

2）具有完整的施工操作依据、质量检查记录。

3）装配式混凝土结构工程验收时，除应按《混凝土结构工程施工质量验收规范》（GB 50204—2015）的要求提供文件和记录外，尚应提供下列文件和记录：工程设计文件、预制构件制作和安装的深化设计图；预制构件、主要材料及配件的质量证明文件、进场验收记录、抽样复验报告；预制构件安装施工验收记录；套筒灌浆连接或钢筋浆锚搭接连接的施工检验记录；后浇混凝土部位的隐蔽工程检查验收文件；后浇混凝土、灌浆料、坐浆材料强度检测报告；防水及密封部位的检查记录；分项工程验收记录；工程重大质量问题的处理方案和验收记录。

引导问题2：装配式混凝土结构工程施工质量验收具体内容是什么？

运用知识：

1）验收时应检验各种原材料试验报告以及混凝土强度试验报告。

2）装配整体式混凝土结构中涉及装饰、保温、防水、防火等性能要求应按设计要求或有关标准规定验收。

3）装配整体式混凝土结构子分部工程施工质量验收合格应符合下列规定。

① 有关分项工程施工质量验收合格，分项工程质量应由监理工程师（建设单位项目技术负责人）组织项目专业技术负责人等进行验收。

② 质量控制资料完整并符合要求。

③ 观感质量验收合格。

④ 结构实体检验满足设计或标准要求。

4）预制混凝土结构子分部工程验收前，施工单位应将自行检查评定合格的表填写好，由项目经理交监理单位或建设单位验收。总监理工程师组织施工单位和设计单位项目负责人进行验收并进行记录，将验收资料存档备案。

5）当装配整体式混凝土结构子分部工程施工质量不符合要求时，应按下列规定进行处理。

① 经返工、返修或更换构件、部件的检验批，应重新进行验收。

② 经有资质的检测单位检测鉴定达到设计要求的检验批，应予以验收。

③ 经有资质的检测单位检测鉴定达不到设计要求，但经原设计单位核算并确认仍可满足结构安全和使用功能的检验批，可予以验收。

④ 经返修或加固处理能够满足结构安全使用要求的分项工程，可根据技术处理方案和

建筑工程施工工艺实施与管理实践（中级）

协商文件进行验收。

装配式结构预制构件检验批质量验收记录见表4-18。

表4-18　装配式结构预制构件检验批质量验收记录

单位（子单位）工程名称		某办公大楼	分部（子分部）工程名称	主体结构 - 混凝土结构	分项工程名称	装配式结构
施工单位		某建工集团	项目负责人	张某	检验批容量	/
分包单位		/	分包单位项目负责人	/	检验批部位	装配式结构预制构件检验批质量验收记录（最新）
施工依据		《混凝土结构工程施工规范》（GB 50666—2011）		验收依据	《混凝土结构工程施工质量验收规范》（GB 50204—2015）	
验收项目			设计要求及规范规定	最小/实际抽样数量	检查记录	检查结果
主控项目	1	预制构件质量检验	第9.2.1条	/	符合设计要求及规范规定	合格
	2	预制构件结构性能检验	第9.2.2条	/	符合设计要求及规范规定	合格
	3	预制构件外观质量不应有严重缺陷，且不应有影响结构性能和安装、使用功能的尺寸偏差	第9.2.3条	/	符合设计要求及规范规定	合格
	4	预埋件、预埋插筋、预埋管线等的规格和数量以及预留孔、预留洞的数量应符合设计要求	第9.2.4条	/	符合设计要求及规范要求	合格
一般项目	1	预制构件应有标识	第9.2.5条	/	符合设计要求及规范规定	合格
	2	预制构件的外观质量不应有一般缺陷	第9.2.6条	/	符合设计要求及规范规定	合格
	3	长度	楼板、梁、柱、桁架	<12m	±5mm		符合设计要求及规范规定	合格
				≥12m且<18m	±10mm		符合设计要求及规范规定	合格
				≥18m	±20mm		符合设计要求及规范规定	合格
			墙板		±4mm		符合设计要求及规范规定	合格
	4	宽度、高（厚）度	楼板、梁、柱、桁架		±5mm		符合设计要求及规范规定	合格
			墙板		±4mm		符合设计要求及规范规定	合格

134

（续）

	验收项目		设计要求及规范规定	最小/实际抽样数量	检查记录	检查结果
一般项目	5	表面平整度	楼板、梁、柱、墙板内表面	5mm	/	符合设计要求及规范规定	合格
			墙板外表面	3mm	/	符合设计要求及规范规定	合格
	6	侧向弯曲	楼板、梁、柱	$L/750$ 且 ≤20	/	符合设计要求及规范规定	合格
			墙板、桁架	$L/1000$ 且 ≤20	/	符合设计要求及规范规定	合格
	7	翘曲	楼板	$L/750$	/	符合设计要求及规范规定	合格
			墙板	$L/1000$	/	符合设计要求及规范规定	合格
	8	对角线	楼板	10mm	/	符合规范要求	合格
			墙板	5mm	/	符合规范要求	合格
	9	预留孔	中心线位置	5mm	/	符合规范要求	合格
			尺寸	±5mm	/	符合规范要求	合格
	10	预留洞	中心线位置	10mm	/	符合规范要求	合格
			洞口尺寸、深度	±10mm	/	符合规范要求	合格
	11	预埋件	预埋板中心线位置	5mm	/	符合规范要求	合格
			预埋板与混凝土面平面高差	0，−5mm	/	符合规范要求	合格
			预埋螺栓	2mm	/	符合规范要求	合格
			预埋螺栓外露长度	+10mm，−5mm	/	符合规范要求	合格
			预埋套筒、螺母中心线位置	2mm	/	符合规范要求	合格
			预埋套筒、螺母与混凝土面平面高差	±5mm	/	符合规范要求	合格
	12	预留插筋	中心线位置	5mm	/	符合规范要求	合格
			外露长度	10mm，−5mm	/	符合规范要求	合格
	13	键槽	长度、宽度	±5mm	/	符合规范要求	合格
			深度	±10mm	/	符合规范要求	合格

施工单位检查结果	经检验，各项数据符合规范要求 项目专业质量检查员：
监理单位验收结论	合格，同意验收 专业监理工程师：

二、教师审查每个小组质量验收资料填写情况并提出整改建议

整改建议记录：

三、各小组进一步优化并形成最终成果

最终工作方案记录：

 实践成果

1）根据施工实际情况编制工程施工质量验收记录（表4-19～表4-21）。

2）工作情境模拟操作。

表4-19 装配式结构预制构件检验批质量验收记录

单位（子单位）工程名称				分部（子分部）工程名称		分项工程名称	
施工单位				项目负责人		检验批容量	
分包单位				分包单位项目负责人		检验批部位	
施工依据					验收依据		

验收项目			设计要求及规范规定	最小/实际抽样数量	检查记录	检查结果
主控项目	1	预制构件质量检验	第9.2.1条			
	2	预制构件结构性能检验	第9.2.2条			
	3	预制构件外观质量不应有严重缺陷，且不应有影响结构性能和安装、使用功能的尺寸偏差	第9.2.3条			
	4	预埋件、预埋插筋、预埋管线等的规格和数量以及预留孔、预留洞的数量应符合设计要求	第9.2.4条			
一般项目	1	预制构件应有标识	第9.2.5条			
	2	预制构件的外观质量不应有一般缺陷	第9.2.6条			

（续）

	验收项目			设计要求及规范规定	最小/实际抽样数量	检查记录	检查结果
一般项目	3	长度	楼板、梁、柱、桁架	<12m ±5mm			
				≥12m且<18m ±10mm			
				≥18m ±20mm			
			墙板	±4mm			
	4	宽度、高（厚）度	楼板、梁、柱、桁架	±5mm			
			墙板	±4mm			
	5	表面平整度	楼板、梁、柱、墙板内表面	5mm			
			墙板外表面	3mm			
	6	侧向弯曲	楼板、梁、柱	$L/750$且≤20			
			墙板、桁架	$L/1000$且≤20			
	7	翘曲	楼板	$L/750$			
			墙板	$L/1000$			
	8	对角线	楼板	10mm			
			墙板	5mm			
	9	预留孔	中心线位置	5mm			
			尺寸	±5mm			
	10	预留洞	中心线位置	10mm			
			洞口尺寸、深度	±10mm			
	11	预埋件	预埋板中心线位置	5mm			
			预埋板与混凝土面平面高差	0，−5mm			
			预埋螺栓	2mm			
			预埋螺栓外露长度	10mm，−5mm			
			预埋套筒、螺母中心线位置	2mm			
			预埋套筒、螺母与混凝土面平面高差	±5mm			
	12	预留插筋	中心线位置	5mm			
			外露长度	10mm，−5mm			
	13	键槽	长度、宽度	±5mm			
			深度	±10mm			

施工单位检查结果	专业工长： 项目专业质量检查员： 年　月　日
监理单位验收结论	专业监理工程师： 年　月　日

137

表4-20　装配式结构安装与连接检验批质量验收记录

单位（子单位）工程名称				分部（子分部）工程名称		分项工程名称	
施工单位				项目负责人		检验批容量	
分包单位				分包单位项目负责人		检验批部位	
施工依据					验收依据		
验收项目				设计要求及规范规定	最小/实际抽样数量	检查记录	检查结果
主控项目	1	预制构件临时固定措施安装质量		第9.3.1条			
	2	钢筋采用套筒灌浆连接时，灌浆应饱满、密实		第9.3.2条			
	3	预制构件的连接方式和质量		第9.3.3条、第9.3.4条			
	4	预制构件采用焊接、螺栓连接等连接方式时，其材料性能及施工质量		第9.3.5条			
	5	接头和拼缝的混凝土强度		第9.3.6条			
	6	外观质量严重缺陷		第9.3.7条			
一般项目	1	外观质量一般缺陷		第9.3.8条			
	2	装配式结构构件位置和尺寸允许偏差/mm	构件轴线位置	竖向构件（柱、墙板、桁架）	8		
				水平构件（梁、楼板）	5		
			标高	梁、柱、墙板、楼板底面或顶面	±5		
			构件垂直度 柱、墙板安装后的高度	≤6m	5		
				>6m	10		
			构件倾斜度	梁、桁架	5		
			相邻构件平整度 梁、楼板底面	外露	3		
				不外露	5		
			柱、墙板	外露	5		
				不外露	8		
			构件搁置长度	梁、板	±10		
			支座、支垫中心位置	板、梁、柱、墙板、桁架	10		
			墙板接缝宽度		±5		
施工单位检查结果					专业工长： 项目专业质量检查员： 　　　　　　　　　　年　月　日		
监理单位验收结论					专业监理工程师： 　　　　　　　　　　年　月　日		

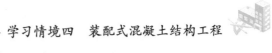

表 4-21　装配式结构施工记录

工程名称		分部工程 名称		项目经理	
施工单位			验收部位		
施工执行标准 名称及编号			专业工长 （施工员）		
分包单位		分包项目经理		施工班组长	

检 查 内 容	钢筋或埋件连接情况检查： 混凝土或砂浆接头、拼缝情况检查： 其他情况检查：
验 收 结 论	施工单位 项目专业质量检查员（签名）：　　　　　　　专业监理工程师（签名）： 项目专业技术负责人（签名）：　　　　　　　（建设单位项目专业技术负责人） 　　　　　　　　年　月　日　　　　　　　　　　　　　年　月　日

学习情境五 钢结构工程

案例导入

1）本工程为某小型车间，结构形式为单层单跨轻钢门式刚架。该项目地上一层，主体建筑高度为9m，柱距11.65m，跨度为20.5m，建筑面积为483m²。

2）本工程的抗震设防类别为丙类，抗震设防烈度7度，建筑场地类别为I类，本工程地基基础设计等级为丙级。

3）本工程安全等级为二级，耐火等级为二级，防水等级为二级。

4）根据业主委托，本工程设计内容包括建筑、结构、水、电（不含生产用水、电）四个专业。在正常施工、使用及维修条件下，围护结构的设计使用年限为5年，主体结构的设计使用年限为50年。

扫描二维码
下载案例图纸

图纸：本案例项目建施图、结施图。

典型任务 1 **钢结构工程施工技术交底记录**

> **知识点：**
> 1. 钢结构构造要求。
> 2. 钢结构工程施工技术交底。
>
> **能力（技能）点：**
> 能按照指定施工任务编制钢结构工程施工技术交底记录表。

 实践目的

1）以实际应用为主，培养实际操作能力，提高动手能力。

2）掌握常见钢结构工程构造。

3）通过现场具体操作训练，掌握钢结构工程施工技术交底的内容及隐蔽工程验收的内容。

 实践分解任务

1）熟读不同钢结构类型施工图，绘制不同节点钢结构构造详图。

2）填写钢结构工程技术交底及隐蔽工程验收资料。

实践分组

以小组为单位（6~8人为一组），在规定时间内完成以上内容。

实践场地

实训室、机房。

 实践实施过程

一、提出工作计划和方案

引导问题：如何根据钢结构构件生产要求进行技术交底？

运用知识：

1. 钢结构构件制作材料准备

1）钢材的标识。钢材端中部应树立标牌，标牌要标明钢材的规格、钢号、数量和材质验收证明书编号。钢材端部根据其钢号涂以不同颜色。钢材的标牌应定期检查。

2）钢材的质量保证书应与钢材上打印的记号符合。每批钢材必须具备生产厂提供的材质证明书，写明钢材的炉号、钢号、化学成分和机械性能。对钢材的各项指标可根据国标的规定进行核验。

3）钢材表面质量检验。不论扁钢、角钢、钢板和型钢，其表面均不允许有结疤、裂纹、折叠和分层等缺陷。钢材表面的锈蚀深度，不得超过其厚度负偏差值的1/2。锈蚀等级的划分和除锈等级见《涂覆涂料前钢材表面处理表面清洁度的目视评定　第1部分：未涂覆过的钢材表面和全面清除原有涂层后的钢材表面的锈蚀等级和处理等级》（GB/T 8923.1—2011）。

4）经检验发现钢材质量保证书上数据不清、不全、材质标记模糊，表面质量、外观尺寸不符合有关标准要求的不合格钢材，杜绝使用。

2. 钢结构构件加工前的准备

（1）提料

1）根据图样材料表算出各种材质、规格的材料净用量，再加一定数量的损耗，提出材料用量。

2）提料时，需根据使用尺寸提料，以减少不必要的拼接和损耗。

（2）核对　核对材料的规格、尺寸和质量，仔细核对材质。

3. 钢结构切割

钢材下料的方法有气割、机械剪切和锯切等。气割和机械剪切的允许偏差分别见表5-1和表5-2。

表5-1　气割的允许偏差

项　目	允许偏差/mm
零件宽度、长度	±3.0
切割面平面度	0.05t，且不大于2.0
割纹深度	0.3
局部缺口深度	1.0

注：t为切割面深度。

表5-2 机械剪切的允许偏差

项目	允许偏差/mm
零件宽度、长度	±3.0
边缘缺棱	1.0
型钢端部垂直度	2.0

4. 制孔

1）制孔用钻孔方法。钻孔是钢结构制造中普遍采用的方法，能用于几乎任何规格的钢板、型钢的孔加工。钻孔的原理是切割，孔的精度高，对孔壁损伤较小。

2）制孔的标准及允许偏差。孔的允许偏差应符合表5-3的规定。

表5-3 孔的允许偏差

螺栓公称直径、螺孔直径/mm	螺栓公称直径允许偏差/mm	螺栓孔直径允许偏差/mm
10～18	0，－0.18	+0.18，0
18～30	0，－0.21	+0.21，0
30～50	0，－0.25	+0.25，0

普通螺栓孔允许偏差见表5-4。

表5-4 普通螺栓孔允许偏差

项目	允许偏差/mm
直径	+1.0，0
圆度	2.0
垂直度	0.03t，且不大于2.0

注：t为板的厚度。

5. 组装

1）拼装必须按次序进行；当有隐蔽焊缝时，必须先予施工焊接，经检验合格方可覆盖。

2）为减少变形，尽量采取小件组焊，经矫正后再大件组装。胎具及装出的首件必须经过严格检验，方可大批进行装配工作。

3）组装时的点固焊缝长度宜大于40mm，间距宜为500～600mm，点固焊缝高度不宜超过设计焊缝高度的2/3。

4）板材、型材的拼接，应在组装前进行；构件的组装应在部件组装、焊接、矫正后进行，以便减少构件的焊接残余应力，保证产品的制作质量。

5）构件的隐蔽部位应提前进行涂装。

6）桁架结构的杆件装配时要控制轴线交点，其允许偏差不得大于3mm。

7）装配时端板要求磨光顶紧或喷砂处理的部位，其顶紧接触面应有75%以上的面积紧贴，用0.3mm的塞尺检查，其塞入面积应小于25%，边缘间隙不应大于0.8mm。

6. 焊接

1）焊前应清除焊件坡口表面及两侧30～50mm范围内的铁锈、油污、水分等杂质。

2）焊接坡口可用火焰切割或机械加工，坡口形式及尺寸应符合施工图要求和相关标准、规范的规定。

3）施焊前，焊工应检查焊接部位的组装质量；如不符合要求，应先修整合格后方可施焊。

4）焊条　在使用前，必须按产品说明书或焊接工艺卡规定的技术要求进行烘干。如说明书无特殊规定，酸性焊条一般按 150℃ 烘干，时间 1～2h；碱性焊条按 350～400℃ 烘干，时间 1～2h。焊条烘干后从取出到施焊不宜超过 2h（酸性焊条不宜超过 4h），否则应重新烘干后再用，但焊条烘干次数不宜超过 2 次。不得使用药皮脱落或焊芯生锈的焊条和受潮结块的焊剂及已经熔烧过的渣壳。

5）厚度大于 50mm 的碳素结构钢和厚度大于 36mm 的低合金结构钢，施焊前应进行预热，焊后应进行后热。预热温度宜控制在 100～150℃，后热温度应由试验确定。预热区在焊道两侧，每侧宽度均应大于焊件厚度的 2 倍，且不应小于 100mm。

6）定位点焊时，点焊用的焊接材料应与焊件材料相匹配，点焊高度不宜超过设计焊缝厚度的 2/3 且不应大于 8mm，钢结构点焊长度不宜小于 25mm，间距根据截面大小宜控制在 100～400mm 范围内；如发现点焊上有裂纹，必须清除干净后重焊。

① 焊接时，焊工应遵守焊接工艺，不得自由施焊及在焊道处的母材上引弧。在组装好的构件上施焊，应严格按焊接工艺规定的参数及焊接顺序进行，以免焊后构件变形。

② 电流采用交流焊接。

③ 手工电弧焊焊接电流应按焊条产品说明书的规定选择。

7. 外观检查

1）普通碳素结构钢应在焊接冷却到工作环境温度、低合金结构钢应在焊接 24h 后方可进行外观检查。

2）焊接工件外观检查，一般用肉眼或量具检查焊缝和母材的裂纹及缺陷，也可用放大镜检查，必要时进行磁粉或渗透探伤。焊缝的焊波应均匀，不得有裂纹、未熔合、夹渣、焊瘤、咬边、烧穿、弧坑和针状气孔等缺陷，焊接区无飞溅残留物。

3）焊缝的位置、外形尺寸必须符合施工图和《钢结构工程施工质量验收标准》（GB 50205—2020）的要求。

8. 焊接缺陷的返修和补焊

1）焊接缺陷返修前，应该尽可能准确地确定焊接缺陷的种类、部位和尺寸。焊缝出现裂纹时，焊工不得擅自处理，应查清原因，确定修补工艺后方可处理。

2）焊缝同一部位的返修次数不宜超过两次；当超过两次时，应按返修工艺进行。

9. 矫正

钢结构矫正要通过外力或加热作用，使钢材较短部分的纤维伸长；或使较长部分的纤维缩短，最后迫使钢材反变形，以使材料或构件达到平直，并符合技术标准。

10. 钢结构成品堆放

成品验收后，钢结构产品大部分露天堆放。由于成品堆放的条件一般较差，所以堆放时更应注意防止变形。

1）成品堆放地的地基要坚实，地面平整干燥，排水良好。

2）堆放场地内备有足够的垫木、垫块，使构件得以放平、放稳，以防构件因堆放方法不正确而产生变形。

3）钢结构产品不得直接置于地上，要垫高200mm以上。

11. 钢构件运输

钢构件运输时，应根据钢构件的长度、重量选用车辆，钢构件在运输车辆上的支点、两端伸出的长度及绑扎方法均应保证钢构件不产生变形，不损伤涂层。

二、完成钢结构构件制作技术交底

 实践成果

1）完成交底资料。

2）填写隐蔽工程验收记录。

钢结构工程施工进度计划编制

知识点：

1. 钢结构工程施工人力、施工机械、运输的选择和配备。
2. 钢结构工程施工工期管理措施。
3. 钢结构工程施工进度计划。

能力（技能）点：

1. 能够根据施工交底协调施工机械、人力、运输进行钢结构工程施工。
2. 能够按照已知工程量编制钢结构工程施工进度计划。

实践目的

1）以实际应用为主，培养实际操作能力，提高动手能力。
2）掌握常见钢结构工程构造。
3）通过现场具体操作训练，掌握钢结构工程施工进度计划编制的内容。

实践分解任务

1）依据案例编制劳动力、机械、工期计划表。
2）按照工程实例编制施工方案。
3）进行模拟仿真钢结构工程实训操作。

实践分组

以小组为单位（6~8人为一组），在规定时间内完成以上内容。

实践场地

实训室、机房。

实践实施过程

一、提出工作计划和方案

引导问题1：钢结构工程的劳动力、施工机械应如何选择和配备？

运用知识：

1. 钢结构工程施工机械

1）井架式升降机。井架式升降机是民用建筑工地常用的垂直方向的运输设备。它具有稳定性好、运输量大的特点，除用型钢或钢管加工的定型井架之外，还可用脚手架材料搭设而成。

井架式升降机的承载结构是井架，它是用角钢或钢管单节逐段安装的，为了保持井架的抗倾倒能力，必须用纤缆拉紧，纤缆数量根据安装高度而定。井架多为单孔井架，但也可构成两孔或多孔井架。井架侧边有槽钢或钢管构成的导轨，装料平台的滚轮沿导轨运行，起导向作用。装料平台由装在井架外的卷扬机通过钢丝绳滑轮组牵引而上升、下降。井架主股一侧装有吊臂，吊臂顶端有变幅滑轮组和起升滑轮组。吊臂用来吊钢筋、模板与轻型构件等。吊臂靠人工牵引，可作小于180°的局部回转，覆盖面小，仅能靠近安装就位井架的重物。

井架式升降机一般只装备一台卷扬机作为起升机构，可完成混凝土、灰浆、砌块、砖等物料的垂直运输。卷扬机可安装在距建筑物一定距离的位置，故操作安全方便；但技术性能差，工作效率也低，且需要纤缆，占用场地大。

井架式升降机的载重量一般是 5～20kN，起升高度不能超过60m，而小吊臂的井架式升降机载重量一般只有 5～15kN。

2）塔式起重机。塔式起重机是指能够垂直输送材料和施工人员上下的机械设备和设施，适用于多层、高层工业与民用建筑的结构安装，是施工现场最常见的起重机械和垂直运输机械。

2. 钢结构工程劳动力

（1）劳动力计划编制要求

① 要保持劳动力均衡使用。劳动力使用不均衡，不仅会给劳动力调配带来困难，还会出现过多、过大的需求高峰，同时也会增加劳动力的管理成本，带来住宿、交通、饮食、工具等方面的问题。

② 要根据工程的实物量和定额标准分析劳动需用总工日，确定生产工人、工程技术人员的数量和比例，以便对现有人员进行调整、组织、培训，保证现场施工的劳动力到位。

③ 要准确计算工程量和施工期限。劳动力管理计划的编制质量，不仅与计算工程量的准确程度有关，而且与工期计划得合理与否有着直接的关系。工程量越准确，工期越合理，劳动力管理计划越准确。

（2）劳动力需要量的确定　确定建筑工程项目劳动力的需要量，是劳动力管理计划的重要组成部分，它不仅决定了劳动力的招聘计划、培训计划，而且直接影响其他管理计划的编制。

① 确定劳动效率：只有确定了劳动力的劳动效率，才能制订出科学、合理的计划。建筑工程施工中，劳动效率通常用"产量/单位时间"或"工时消耗量/单位工作量"来表示。

在一个工程中，分项工程量一般是确定的，它可以通过图样和工程量清单的规范计算得到，而劳动效率的确定却十分复杂。在建筑工程中，劳动效率可以在劳动定额中直接查到，但在实际应用时，必须考虑到具体情况，如环境、气候、地形、地质、工程特点、实施方案的特点、现场平面布置、劳动组合、施工机具等，进行合理调整。

根据劳动力的劳动效率，就可得出劳动力投入的总工时，即

劳动力投入总工时 = 工程量/（产量/单位时间）= 工程量×工时消耗量/单位工程量

② 确定劳动力投入量：劳动力投入量也称劳动组合或投入强度。在劳动力投入总工时一定的情况下，假设在持续的时间内，劳动力投入强度相等，而且劳动效率也相等，在确定每日班次及每班次的劳动时间时，劳动力投入量可按下式计算。

劳动力投入量 = 劳动力投入总工时/（班次/日×工时/班次×活动持续时间）

= 工程量×（工时消耗量/单位工程量）/（班次/日×工时/班次×活动持续时间）

（3）劳动力需求计划的编制 在编制劳动力需要量计划时，由于工程量、劳动力投入量、持续时间、班次、劳动效率、每班工作时间之间存在一定的变量关系，因此，在计划中要注意它们之间的相互调节。

在工程项目施工中，经常安排混合班组承担一些工作任务，此时，不仅要考虑整体劳动效率，还要考虑到设备能力和材料供应能力的制约，以及与其他班组工作的协调。

劳动力需要量计划中还应包括对现场其他人员的使用计划，如为劳动力服务的人员（医生、厨师、司机等）、工地警卫、勤杂人员、工地管理人员等，可根据劳动力投入量计划按比例计算，或根据现场的实际需要安排。

引导问题2：钢结构工程施工工期管理措施有哪些？

运用知识：

在项目实施过程中，必须对进展过程实施动态监测，随时监控项目的进展情况，收集实际进度数据，并与进度计划进行对比分析；若出现偏差，找出原因及对工期的影响程度，并相应采取有效的措施做必要调整，使项目按预定的进度目标进行，这一不断循环的过程称为进度控制。

项目进度控制的目标就是确保项目按既定工期目标实现，或在实现项目目标的前提下适当缩短工期。

1. 进度事前控制内容

1）编制进度计划，确定工期目标。

2）将总目标分解为分目标，制订相应细部计划。

3）制订完成计划的相应施工方案和保障措施。

2. 进度事中控制内容

1）检查工程进度。一是审核计划进度与实际进度的差异；二是审核形象进度、实物工程量与工作量指标完成情况的一致性。

2）进行工程进度的动态管理，即分析进度差异的原因，提出调整的措施和方案，相应调整施工进度计划、资源供应计划。

3. 进度事后控制内容

当实际进度与计划进度发生偏差时，在分析原因的基础上应采取以下措施。

1）制订保证总工期不突破的对策措施。

2）制订总工期突破后的补救措施。

3）调整相应的施工计划，并组织协调相应的配套设施和保障措施。

引导问题3：钢结构工程施工进度计划应如何编制？

运用知识：

1. 钢结构工程进度计划的编制依据

1）主管部门的批示文件及建设单位的要求。

2）施工图样及设计单位对施工的要求。

3）施工企业年度计划对该工程的安排和规定的有关指标。

4）单位工程组织设计对该工程的有关部门规定和安排。

5）资源配备情况。如：施工中需要的劳动力、施工机具和设备、材料、预制构件和加工品的供应能力及来源情况。

6）建设单位可能提供的条件和水电供应情况。

7）施工现场条件和勘察资料。

8）预算文件和国家及地方规范等资料。

2. 钢结构工程进度计划的编制步骤

1）收集编制依据。

2）划分施工过程、施工段和施工层。

3）确定施工顺序。

4）计算工程量。

5）计算劳动量或机械台班需用量。

6）确定持续时间。

7）绘制可行施工进度计划图。

对于一般工程，进度计划用横道图表示即可；对于工程规模较大、工序比较复杂的工程，进度计划宜采用网络图表示，通过对各类参数的计算，找出关键线路，选择最优方案。

二、审查工作方案并提出整改建议

整改建议记录：

三、优化方案并确定最终工作方案

最终工作方案记录：

 实践成果

1）实践作业。

① 依据工程实例及工期要求完成施工准备工作计划一览表，包括劳动力需要计划表、机械机具需求计划表、钢结构工程施工作业计划表（横道图表）。

② 依据工程实例及工期要求编制钢结构工程施工方案。

2）工作情境模拟操作。

钢结构工程施工工艺及主控项目质量检查

知识点：

1. 钢结构工程施工工艺。

2. 钢结构工程施工工艺标准。

3. 钢结构工程主控项目质量检查。

能力（技能）点：

1. 能够监督钢结构工程施工工艺流程，确保其符合工艺标准。

2. 能应用施工质量验收规范，对钢结构工程主控项目进行质量检查，达到质量验收规范要求。

实践目的

1）编制本项目施工组织设计指导书。

2）进行钢结构高强螺栓的安装实训。

3）实操并掌握高强螺栓安装质量检测。

实践分解任务

1. 任务及任务量

1）编制施工组织设计指导书。

2）按给定图样与钢构件实物进行高强螺栓的安装实训，主要完成梁和钢连接、主次梁连接，高强螺栓为大六角头高强螺栓。

3）作业内容含：材料及工具准备、安全技术交底、高强螺栓的安装、高强螺栓的安装质量检查、螺栓拆除与现场清理等。

2. 完成任务施工

1）以班级为单位分工合作完成上述任务。

2）任务实施依据施工组织设计文件中的技术措施（或工艺设计）执行。

3）班级分工组合由班上自由安排。

实践分组

1）每个班派1人，负责全过程的施工技能作业指导。

2）每个班安排指导老师两名，负责日常管理、理论指导、考勤、考核、纪律检查、成绩评定等。

3）每班按每6人分成一组，确定一名组长，组长负责分配实操任务，组内分工完成任务。

实践场地

钢结构实训基地。

实践实施过程

一、钢结构工程施工组织设计编制

引导问题：钢结构制作安装的组织设计应如何编制？

运用知识：

施工组织设计指导书包含的内容如下。

1. 工程概况

① 建筑概况：建筑高度、建筑面积、建筑层数、建筑用途。

② 结构概况：基础结构形式及主要尺寸、主体结构形式及主要尺寸、所用混凝土强度情况、所用钢筋类型、填充墙材料、设防烈度、抗震等级。

③ 地质、地貌、气象概况：按地质勘探报告摘要说明。

④ 编制依据：参照的规范、标准、图集。

2. 钢结构工程总体布署

（1）钢结构工程总体管理流程　简要文字说明，附机构框图。

（2）施工总平面布置

① 施工总平面布置主要内容：项目施工用地范围内的地形状况；拟建建（构）筑物、设备和其他基础设施的位置和尺寸；项目施工用地范围内的加工设施、运输设施、存储设施、供电设施、供水供热设施、排水排污设施、临时施工道路和临时房屋（办公室、宿舍、食堂、厕所等）；施工现场必备的安全、消防、保卫和环保设施；地上、地下的相邻既有建（构）筑物情况。

② 布置具体要求：绘制出施工平面布置图，标识出以上内容，生产、生活应分开，可列表标明规格、面积、完成时限、要求等。

平面布置应注意：平面布置科学合理，占用面积少；合理组织场内道路与原材料堆放加工点，减少二次搬运；施工区域的划分和场地的临时占用应符合总体施工部署和施工流程的要求，减少相互干扰；充分利用既有建（构）筑物和既有基础设施，为项目服务，降低临时设施的建造费用；临时设施应方便生产和生活；办公区、生活区、生产区宜分区域设置；符合节能、环保、安全和消防等要求；遵守当地主管部门和建设单位关于施工现场安全文明施工的相关规定。

（3）拟投入本工程的安装设备　钢构件吊装机械设备；焊接、紧固设备；检测设备。

（4）执行和参照的技术规范标准：原材料及成品类；紧固标准件类；施工及质量验收类；安全生产管理类。

3. 钢结构工程组织管理及劳动力　参与本项目的主要管理人员；施工现场各专业人员的配置。

4. 钢结构工程施工进度计划　施工计划安排横道图。

5. 临时用电用水计划

① 临时用水管理：根据实际情况计算临时用水量，计算用水管井，配置供水设施，明确临时用水管理。

② 临时用电管理：明确临时用电管理措施、配电线路布置、配电箱与开关箱的设置。

6. 钢结构工程安装

① 吊装前的准备工作：在经过文件资料及技术准备之后，正式吊装之前需要进行施工机具及设备准备、钢结构构件及材料准备、施工作业条件准备等。施工机具及设备准备包括起重机具、吊装机具、测量设备的选择等内容；构件及材料准备包括现场安装的材料准备、钢构件预检与堆放、构件弹线、钢构件配套供应等内容；施工作业条件准备包括现场作业环境检查、清理，吊装作业面抄平与弹线等内容。

② 钢构件的吊装：轻钢门式刚架安装构件主要有钢柱（带牛腿钢柱）、抗风柱、屋面檩条、檩条节点、墙面檩条、抗风柱侧檩条、门窗框架及其节点、柱脚、拉条、屋面系杆、柱间支撑等。下面以钢柱吊装为例进行介绍，其他构件的吊装工艺也在此基础上细化。

钢柱的吊装包含吊装方法、临时固定、吊装顺序、质量控制、安全技术措施等内容。

在多高层钢结构建筑工程中，钢柱多采用实腹式，实腹钢柱的截面有工字形、箱形、十字形和圆形等多种形式。钢柱接长时，多采用对接接长，也可采用高强度螺栓连接接长。

钢柱的安装顺序是：柱基检查→放线→确定吊装机械→设置吊点→吊装钢柱→校正钢柱→固定钢柱→验收。

在柱的吊装中应穿插对于基础的处理，基础的施工包括基础标高的调整、垫放垫铁、基础灌浆及地脚螺栓埋设等内容。

③ 测量工艺：平面控制、高程控制、吊装测量、标准柱和基准点的选择、钢柱的校核。

④ 高强螺栓施工工艺：高强螺栓的储运与保管、高强螺栓安装工艺流程、高强螺栓安装、接触面间隙处理方法、高强度螺栓施工质量验收。

⑤ 施工焊接工艺：焊接部署及工艺准备、焊接方法和焊接顺序、防变形措施、焊接检验、焊接施工中质量管理。

⑥ 现场安装与工厂制作的配合协调。

⑦ 检测方案：原材料检测、制作过程检测、焊接检测、高强螺栓检测、安装质量检测、安装过程累计误差检测。

7. 钢结构工程质量控制和施工安全措施

① 质量保证体系：质量管理体系，质量保证组织机构，质量控制程序，质量保证制度。

② 安全保证措施：安全管理体系，安全保证措施，安全管理控制程序，现场施工安全管理。

8. 施工工期保证措施

① 施工组织保证措施：写出应采取什么组织措施，如：组织流水作业，现场协调会，签订工期合同等。

② 材料供应保证措施：写出应采取什么措施保证材料的充足供应。

③ 劳动力组织保证措施：写出应采取什么措施保证劳动力的充足供应。

④ 施工机具配备保证措施：写出应采取什么措施保证配备的机具满足现场所需。

9. 季节性施工措施

冬季施工、雨季施工、防风施工措施。

10. 职业健康与环境保护措施

施工现场环境保护、施工现场卫生与防疫、文明施工、职业病防范、绿色建筑与绿色施工等措施。

11. 文件资料管理和工程验收

文件资料管理原则，项目技术资料管理人员的职责，文件资料的管理，竣工验收。

二、实训准备

每组同学分别认真识读所分配的节点图，进行安装方案分析。由各组组长对组员按照最终连接方案布置任务和进行技术交底，填写交底记录。准备冲钉、高强螺栓、普通螺栓、普通扳手、扭矩扳手、油漆、毛笔等工具设备。

1. 技术准备

（1）根据给定图样与实际构件计算高强螺栓长度　高强螺栓紧固后，以螺纹露出 2~3 扣为宜。一个工程的高强螺栓，首先按直径分类，统计出钢板束厚度，然后根据钢板束厚度，按下列公式选择所需长度 L。

$$L = \delta + H + nh + c$$

式中　δ——连接构件的总厚度（mm）；

H——螺母高度（mm），取 $0.8D$（D 为螺栓直径）；

n——垫片个数；

h——垫圈厚度（mm）；

c——螺杆外露部分长度（mm）（2~3 扣为宜，一般取 5mm），计算后取 5 的整倍数。

（2）高强度螺栓安装前的试验　高强度螺栓使用前，应按《钢结构工程施工质量验收标准》（GB 50205—2020）的有关规定对高强度螺栓及连接件至少进行以下检验。

1）高强度螺栓连接副扭矩系数试验。大六角头高强度螺栓，实际项目中施工前按每 3000 套螺栓为一批，不足 3000 套的按一批计，复验扭矩系数，每批复验 8 套。

2）连接件的摩擦系数试验及复验。采用与钢构件同材质、同样摩擦面处理方法、同批生产、同等条件堆放的试件，每批三组，由钢构件制作厂及安装现场分别做摩擦系数试验。试件数量，以单项工程每 2000t 为一批，不足 2000t 者视作一批。试件的具体要求和检验方法按照《钢结构工程施工质量验收标准》（GB 50205—2020）的有关要求来定。

（3）施工轴力与施工扭矩的换算　当设计给出高强度螺栓允许的设计轴力时，按设计要求施工；如果设计没有给出高强度螺栓的轴力要求，可按表 5-5 选用。施工轴力比设计轴力一般要增加 5%。

表 5-5　一般国产高强度螺栓允许的设计轴力　　　　　　　　　　（单位：kN）

螺栓的性能等级	螺栓规格						
	M12	M16	M20	M22	M24	M27	M30
8.8s	45	80	125	150	175	230	280
10.9s	55	100	155	190	225	290	355

对于大六角高强度螺栓，施工时必须把施工轴力换算为施工扭矩，作为施工控制参数。大六角头高强度螺栓施工扭矩可由下式确定。

$$T_c = K_c \cdot P_c \cdot d$$

式中　T_c——施工扭矩（N·m）；

　　　K_c——高强度螺栓连接副的扭矩系数平均值，该值由复验测得的合格的平均扭矩系数代入；

　　　P_c——高强度螺栓施工轴力（kN）；

　　　d——高强度螺栓螺杆直径（mm）。

（4）作业指导书的编制和安全技术交底　实训小组成员根据质量技术要求结合工程实际编制专项作业指导书，用书面的形式，根据工作要求交底到每一个参与实训的组员。安全技术交底表（表5-6）应明确其施工安全、技术责任，使其清楚上道工序应达到什么质量要求，使用何种施工方法，施工中发现问题按照什么途径寻求技术指导，达到什么施工质量标准，如何交接给下一施工工序等，使整个施工进程良性有序。

表5-6　高强度螺栓施工技术交底表

施工单位名称	×××建筑工程有限责任公司		工程名称		×××
施工内容	×××高强度螺栓安装				
安全技术交底内容	1. 施工准备 1.1 材料及主要机具 1.1.1 螺栓、螺母、垫圈均应附有质量证明书，并应符合设计要求和国家标准的规定。 1.1.2 高强度螺栓入库应按规格分类存放，并防雨、防潮。遇有螺栓、螺母不配套或螺纹损伤时，不得使用。螺栓、螺母、垫圈有锈蚀，应抽样检查紧固轴力，满足要求后方可使用。螺栓等不得被泥土、油污沾染，保持洁净、干燥状态。必须按批号，同批内配套使用，不得混放、混用。 1.1.3 主要机具：电动扭矩扳手及控制仪、手动扭矩扳手、手工扳手、钢丝刷、工具袋等。 1.2 作业条件 1.2.1 摩擦面处理：摩擦面采用喷砂方法进行处理，摩擦系数应符合设计要求。摩擦面不允许有残留氧化铁皮，处理后的摩擦面可生成赤锈面后安装螺栓，用喷砂处理的摩擦面不必生锈即可安装螺栓。采用砂轮打磨时，打磨范围不小于螺栓直径的4倍，打磨方向与受力方向垂直，打磨后的摩擦面应无明显不平。摩擦面防止被油或油漆等污染，如污染应彻底清理干净。 1.2.2 检查螺栓孔的孔径尺寸，孔边有毛刺必须清除掉。 1.2.3 同一批号、规格的螺栓、螺母、垫圈，应配套装箱待用。 1.2.4 电动扳手及手动扳手应经过标定。 2. 操作工艺 2.1 工艺流程 作业准备→选择螺栓并配套→接头组装→安装临时螺栓→安装高强度螺栓→高强度螺栓紧固→检查验收。 2.2 接头组装 连接处的钢板或型钢应平整，板边、孔边无毛刺；接头处有翘曲、变形必须进行校正，并防止损伤摩擦面，保证摩擦面紧贴。				
交底人签字	×××	被交底人签字	×××	交底时间	2021年×月×日
操作人员签字	×××、×××、×××、×××				

2. 施工机具

高强度螺栓施工最主要的施工机具就是力矩扳手。本次实训主要采用大六角螺栓，使用的紧固工具主要有以下几种。

1）扭矩型高强度螺栓扳手。电动扭矩扳子一般由机体、扭矩控制盒、套筒、反力承管器、漏电保护器组成。

2）其他必备的工具。检测合格的力矩扳手（一般不用于直接施工，专用于其他施工工具的校准和施工检测）、手动棘轮扳手、橄榄冲子（过眼冲钉，形似橄榄）、力矩倍增计、手锤等。

3. 作业条件

1）实训前应根据图样与工程特点对作业环境进行检查。

2）高强度螺栓的有关技术参数已按有关规定进行复验合格。

3）钢结构安装的刚度单元的框架构件已经吊装到位，校正合格后应及时进行高强度螺栓的施工。

三、高强度螺栓安装流程

1. 栓孔孔径的检查与修复

对照给定图样，使用钢尺等工具对待施工的螺栓孔径进行检查；如不满足要求，使用铰刀修整。高强度螺栓连接中，连接钢板的孔径略大于螺栓直径，且必须采取钻孔成型方法，钻孔后的钢板表面应平整，孔边无飞边和毛刺，螺栓孔径匹配见表5-7。

表5-7　高强度螺栓连接的孔径匹配　　　　　　　　　　（单位：mm）

螺栓公称直径			M12	M16	M20	M22	M24	M27	M30
孔型	标准孔	直径	13.5	17.5	22	24	26	30	33
	大圆孔	直径	16	20	24	28	30	35	38
	槽孔	短向	13.5	17.5	22	24	26	30	33
		长向	22	30	37	40	45	50	55

高强度螺栓安装时应能自由穿入螺栓孔，严禁强行穿入；如不能自由穿入时，使用铰刀进行修整，修整后孔的最大直径应小于1.2倍螺栓直径。修孔时，为了防止铁屑落入板缝中，铰孔前应将四周螺栓全部拧紧，使板缝密贴后再进行，铰孔后应重新清理孔周围毛刺。

采用钢尺或卷尺对高强度螺栓孔距、边距和端距进行测量检查，其值应符合表5-8的规定。

表5-8　螺栓的孔距、边距和端距允许值

名称	位置和方向			最大允许间距（取两者的较小值）	最小允许间距
中心间距	外排（垂直内力方向或顺内力方向）			$8d_0$ 或 $12t$	$3d_0$
	中间排	垂直内力方向		$16d_0$ 或 $24t$	
		顺内力方向	构件受压力	$12d_0$ 或 $18t$	
			构件受拉力	$16d_0$ 或 $24t$	
	沿对角线方向			—	

（续）

名称	位置和方向			最大允许间距（取两者的较小值）	最小允许间距
中心至构件边缘距离	顺内力方向			4d_0 或 8t	2d_0
	垂直内力方向	剪切边或手工切割边			1.5d_0
		轧制边、自动气割或锯割边	高强度螺栓		1.2d_0
			其他螺栓或铆钉		

注：1. d_0 为螺栓或铆钉的孔径，对槽孔为短向尺寸，t 为外层较薄板件的厚度。
　　2. 钢板边缘与刚性构件（如角钢、槽钢等）相连的高强度螺栓的最大间距，可按中间排的数值采用。
　　3. 计算螺栓孔引起的截面削弱时可取 $d+4mm$ 和 d_0 的较大者。

2. 摩擦面及连接板间隙的处理

为了保证安装摩擦面达到规定的摩擦系数，连接面应平整，不得有毛刺、飞边、焊疤、飞溅物、铁屑以及浮锈等污物；摩擦面上不允许存在钢材卷曲变形及凹陷等现象。检查连接板是否存在板间缝隙，处理连接板的紧密贴合，对因板厚偏差或制作误差造成的接触面间隙按图 5-1 作出处理。

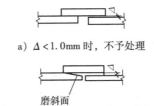

a）$\Delta < 1.0mm$ 时，不予处理

磨斜面

b）$\Delta = （1.0 \sim 3.0）mm$ 时将厚板一侧磨成 1∶10 缓坡，使间隙小于 1.0mm

c）$\Delta > 3.0mm$ 时加垫板，垫板厚度不小于 3mm，最多不超过 3 层，垫板材质和摩擦面处理方法应与构件相同

图 5-1　连接板间隙的处理

3. 安装临时螺栓

1）先用橄榄冲对准孔位（橄榄冲穿入数量不宜多于临时螺栓的 30%），在适当位置插入临时螺栓，然后用扳手拧紧，使连接面结合紧密。

2）临时螺栓安装时，注意不要使杂物进入连接面。临时螺栓的数量不得少于本节点螺栓安装总数的 30%，且不得少于 2 个。

3）螺栓紧固时，遵循从中间开始，对称向周围进行的顺序。不允许使用高强度螺栓兼作临时螺栓，以防损伤螺纹引起扭矩系数的变化。

4）一个安装段完成后，经检查确认符合要求方可进行下一步——安装高强度螺栓。

4. 安装高强度螺栓

1）高强度螺栓的安装一般是在吊装完成一个施工段，钢结构形成稳定框架单元之后进行。

2）螺栓穿入方向以方便施工为准，每个节点应整齐一致，临时螺栓待高强度螺栓紧固后再卸下。

3）高强度螺栓的紧固，必须分两次进行。第一次为初拧，紧固到螺栓标准轴力（即设计预拉力）的60%~80%；第二次紧固为终拧。初拧完毕的螺栓，应做好标记以供确认。为防止漏拧，当天安装的高强度螺栓，当天应终拧完毕。初拧、终拧都应从螺栓群中间向四周以对称扩散方式进行紧固。

4）因空间狭窄，高强度螺栓扳手不宜操作部位，可通过加高套管或用手动扳手安装。

5. 高强度螺栓施工检查

1）按照规范要求对整个高强度螺栓安装工作的完成情况进行认真检查，将检验结果记录在检验报告中，并送到项目质量负责人处审批。

2）高强度螺栓终拧完成后进行检查时，螺栓螺纹外露应为2~3扣，其中允许有10%的螺栓螺纹外露1扣或4扣。

3）对于因构造原因而必须用扭矩扳手拧紧的高强度螺栓，应使用经过核定的扭矩扳手用转角法进行抽验。

4）高强度螺栓安装检查在终拧1h以后、24h之前完成。

5）对采用扭矩扳手拧紧的高强度螺栓，终拧结束后，检查漏拧、欠拧宜用0.3~0.5kg重的小锤逐个敲检；如发现有欠拧、漏拧应补拧；超拧应更换。

6）做好高强度螺栓检查记录（表5-9），经整理后归入技术档案。

表5-9 高强度螺栓连接副施工质量检查记录表

工程名称	×××		检查部位		A轴线：GJ-1		螺栓规格型号			M120×75
设计初拧扭矩/（N·m）	219.4		设计终拧扭矩/（N·m）		438.5		扭矩扳手核定偏差（%）			2
螺母合格证编号	×××		垫片合格证编号		×××		垫圈合格证编号			×××
构件编号	初拧值/（N·m）	终拧值/（N·m）	设计预拉力/kN	检验扭矩/（N·m）	测定扭矩/（N·m）	螺栓方向	外露螺纹/扣	螺栓自由度	外观质量	监理检查意见
①轴/A轴梁梁节点	219.4	438.5	155	438.5	432	向外	2	自由穿入	洁净	合格
②轴/A轴梁梁节点	219.4	438.5	155	438.5	434	向外	2	自由穿入	洁净	合格
③轴/A轴梁梁节点	219.4	438.5	155	438.5	436	向外	3	自由穿入	洁净	合格

构件名称、高强度螺栓编号及附图：

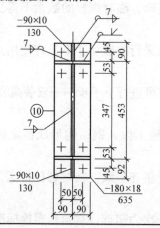

检查结论：

符合规范和设计要求。

检查日期：2021年×月×日

检查人员	×××
项目专业质量检查员	×××
专业监理工程师（建设单位项目专业技术负责人）	×××

6. 高强度螺栓施工质量保证措施

1）雨天不得进行高强度螺栓安装，摩擦面上和螺栓上不得有水及其他污物。

2）钢构件安装前应清除飞边、毛刺、氧化铁皮、污垢等。已产生的浮锈等杂质，应用电动角磨机认真刷除。

3）雨后作业，用氧气、乙炔火焰吹干作业区连接摩擦面。

4）高强度螺栓不能自由穿入螺栓孔位时，不得硬性敲入，应用铰刀扩孔后再插入；修扩后的螺栓孔直径不应大于 1.2 倍螺栓公称直径。

5）高强度螺栓在栓孔内不得受剪，螺栓穿入后及时拧紧。

6）初拧时用油漆逐个做标记，防止漏拧。

7）因土建相关工序配合等原因拆下来的高强度螺栓不得重复使用。

8）制作厂制作时在节点部位不应涂装油漆。

9）若构件制作精度相差过大，应现场测量孔位，更换连接板。

7. 拆除清理

1）施工作业完成后，及时进行质检评定，班与班之间还可以相互评比。

2）质检评比完成后，及时按逻辑关系进行合理拆除。

四、拆除要求

1）确认钢构件处于安全状态，拆除高强度螺栓。

2）拆除的高强度螺栓视具体的实训情况安排报废或者集中收集到指定的干燥地点。

五、完工清场，归还工具用具、节点图样

 实践成果

1）实践作业。

① 编制本项目施工组织设计指导书。

② 形成钢结构高强螺栓的安装质量检测资料。

2）工作情境模拟操作。

典型任务4 # 钢结构工程一般项目允许偏差实物检测

知识点：
1. 钢结构工程一般项目允许偏差。
2. 钢结构工程一般项目质量检查。
3. 钢结构工程允许偏差项目实物检测。

能力（技能）点：
1. 能应用施工质量验收规范，对钢结构工程一般项目进行质量检查。
2. 利用检测工具对钢结构工程允许偏差项目进行实物检测，达到质量验收规范要求。

 实践目的

1）对 H 型钢构件组装进行验收。
2）掌握钢结构工程一般项目质量检查。

 实践分解任务

1）按现行规范要求，对 H 型钢构件组装进行验收，给定具体 1 组 3 个构件（轻钢门式刚架 H 型钢构件），学生结合图样按照要求对构件进行检验，并填写钢结构（构件组装）分项工程检验批质量验收记录表。
2）作业内容含：材料及工具准备、安全技术交底、拼接对接焊缝检查、焊接 H 型钢组装精度检查、顶紧接触面检查、现场清理等。

 实践分组

1）以班级为单位分工合作完成上述任务。每个班派 1 人，负责全过程的施工技能作业指导。
2）每个班安排指导老师两名，负责日常管理、理论指导、考勤、考核、纪律检查、成绩评定等。
3）每班按每 6 人分成一组，确定一名组长，组长负责分配实操任务，组内分工完成任务。

 实践场地

钢结构实训基地。

实践实施过程

一、H 型钢构件组装验收要点

引导问题：对安装好的构件，应采用哪些仪器、设备进行验收？

运用知识：

1. 工作准备

每组同学分别识读所分配构件图样，观察待检构件，同时查阅《建筑工程施工质量验收统一标准》（GB 50300—2013）相关内容，进行检测方案分析，准备钢尺、角尺、塞尺等工具设备。

2. H 型钢构件组装验收

（1）拼接对接焊缝检查　识读给定图样与焊缝超声波探伤报告，明确 H 型钢构件对接时所采用的焊缝质量等级。图样上未标明时，要进行焊缝等级判定：当设计无要求时，应采用质量等级不低于二级的熔透焊缝；对直接承受拉力的焊缝，应采用一级熔透焊缝。对焊缝进行外观检查，并查阅检查超声波探伤报告，对焊缝作出评价。

（2）焊接 H 型钢组装精度检查　焊接 H 型钢组装尺寸的允许偏差应符合表 5-10 的规定。

表 5-10　焊接 H 型钢组装尺寸的允许偏差　　　　　　　（单位：mm）

项目		允许偏差	图例
截面高度 h	$h < 500$	±2.0	
	$500 \leqslant h \leqslant 1000$	±3.0	
	$h > 1000$	±4.0	
截面宽度 b		±3.0	
腹板中心偏移 e		2.0	
翼缘板垂直度 Δ		$b/100$，且不应大于 3.0	
弯曲矢高		$L/1000$，且不应大于 10.0	

（续）

项目		允许偏差	图例
扭曲		$h/250$，且不应大于 5.0	
腹板局部平面度 f	$f \leqslant 6$	4.0	
	$6 < f < 14$	3.0	
	$f \geqslant 14$	2.0	

注：L 为 H 型钢长度。

（3）焊接连接组装精度检查　焊接连接组装尺寸的允许偏差应符合表 5-11 的规定。

表 5-11　焊接连接组装尺寸的允许偏差　　　　　　　　　　（单位：mm）

项目		允许偏差	图例
对口错边 Δ		$t/10$，且不大于 3.0	
间隙 a		1.0	
搭接长度 a		±5.0	
缝隙 Δ		1.5	
高度 h		±2.0	
垂直度 Δ		$b/100$，且不大于 3.0	
中心偏移 e		2.0	
型钢错位 Δ	连接处	1.0	
	其他	2.0	

（4）顶紧接触面检查　用 0.3mm 的塞尺全数检查顶紧接触面，其塞入面积应小于 25%，边缘最大间隙不应大于 0.8mm。设计要求顶紧的接触面应有 75% 以上的面积密贴，且边缘最大间隙不应大于 0.8mm。

二、H 型钢构件组装验收

通过以上检测，填写钢结构（构件组装）分项工程检验批质量验收记录（表 5-12）。

表 5-12　钢结构（构件组装）分项工程检验批质量验收记录

单位（子单位）工程名称	×××	分部（子分部）工程名称	厂房上部主体结构	分项工程名称	构件组装
施工单位	×××建筑工程有限责任公司	项目负责人	×××	检验批容量	18
分包单位	×××建筑工程有限责任公司	分包单位项目负责人	×××	检验批部位	B 轴线：GJ-1、GJ-2、GJ-3
施工依据	《钢结构工程施工规范》（GB 50755—2012）		验收依据	《钢结构工程施工质量验收标准》（GB 50205—2020）	
序号	验收项目		最小/实际抽样数量	检查记录	检查结果
1	拼接对接焊缝检查		全数检查/72	观察和用钢尺全数检查	合格
2	焊接 H 型钢组装精度检查		按钢构件数抽查 10%，且不应少于 3 件/3	用钢尺、角尺、塞尺等检查	合格
3	焊接组装精度检查		按钢构件数抽查 10%，且不应少于 3 件/3	用钢尺、角尺、塞尺等检查	合格
4	顶紧接触面检查		全数检查/32	观察	合格
施工单位检查结果	符合规范和设计要求。 专业工长：××× 项目专业质量检查员：××× ×××年××月××日				
监理单位验收结论	合格 专业监理工程师：××× ×××年××月××日				

三、清理与仪器归还

检测作业完成后，及时记录数据，完工清场，归还仪器用具、构件图样。

 实践成果

1）实践作业。形成 H 型钢构件组装验收质量检测资料。

2）工作情境模拟操作。

典型任务5　钢结构工程施工质量验收

知识点：

钢结构工程施工质量验收内容。

能力（技能）点：

1. 能够按照《钢结构工程施工质量验收标准》（GB 50205—2020）填写钢结构工程施工记录。

2. 能够按照《钢结构工程施工质量验收标准》（GB 50205—2020）填写钢结构工程施工质量验收检查表。

实践目的

1）进行钢结构工程施工质量验收。

2）填写钢结构工程施工记录、钢结构工程施工质量验收表。

实践分解任务

对本项目进行以下子项目的检验批验收，形成验收表格。

① 钢材。

② 连接用紧固标准件。

③ 钢结构焊接工程。

④ 紧固件连接工程。

⑤ 钢构件组装工程。

⑥ 单层钢结构安装工程。

⑦ 多层及高层钢结构安装工程。

⑧ 钢结构涂装工程。

实践分组

1）以班级为单位分工合作完成上述任务。每个班派1人，负责全过程的施工技能作业指导。

2）每个班安排指导老师两名，负责日常管理、理论指导、考勤、考核、纪律检查、成绩评定等。

3）每班按每6人分成一组，确定一名组长，组长负责分配实操任务，组内分工完成任务。

实践场地

钢结构实训基地。

实践实施过程

一、钢结构工程施工质量验收工作要点

引导问题：钢结构项目完工后，需要开展哪些验收程序？

运用知识：

根据《建筑工程施工质量验收统一标准》（GB 50300—2013）的规定，钢结构作为主体结构之一应按子分部工程进行竣工验收；当主体结构均为钢结构时，应按分部工程进行竣工验收，其分项工程包括：钢结构焊接，紧固件连接，钢零部件加工，钢构件组装及预拼装，单层钢结构安装，多层及高层钢结构安装，钢管结构安装，预应力钢索和膜结构，压型金属板，防腐涂料涂装，防火涂料涂装。大型钢结构工程可划分成若干个子分部工程进行竣工验收。

钢结构工程应按下列规定进行施工质量控制：采用的原材料及成品应进行进场验收；凡涉及安全、功能的原材料及成品，均应按《钢结构工程施工质量验收标准》（GB 50205—2020）的规定进行复验，并应经监理工程师（建设单位技术负责人）见证取样、送样；各工序应按施工技术标准进行质量控制，每道工序完成后，应进行检查；相关各专业工种之间，应进行交接检验，并经监理工程师（建设单位技术负责人）检查认可。

1. 钢材

（1）主控项目

1）钢材、钢铸件的品种、规格、性能等应符合现行国家产品标准和设计要求。进口钢材产品的质量应符合设计和合同规定标准的要求。

检查数量：全数检查。

检验方法：检查质量合格证明文件、中文标志及检验报告等。

2）对属于下列情况之一的钢材，应进行抽样复验，其复验结果应符合现行国家产品标准和设计要求：国外进口钢材；钢材混批；板厚≥40mm，且设计有 Z 向性能要求的厚板；建筑结构安全等级为一级，大跨度钢结构中主要受力构件所采用的钢材；设计有复验要求的钢材；对质量有疑义的钢材。

检查数量：全数检查。

检验方法：检查复验报告。

（2）一般项目　钢材的表面外观质量除应符合国家现行有关标准的规定外，尚应符合下列规定：当钢材的表面有锈蚀、麻点或划痕等缺陷时，其深度≤该钢材厚度负允许偏差值的1/2；钢材表面的锈蚀等级应符合现行 GB/T 8923 系列标准的规定；钢材端边或断口处不应有分层、夹渣等缺陷。

检查数量：全数检查。

检验方法：观察检查。

2. 连接用紧固标准件

（1）主控项目　钢结构连接用高强度大六角头螺栓连接副、扭剪型高强度螺栓连接副、钢网架用高强度螺栓、普通螺栓、铆钉、自攻钉、拉铆钉、射钉、锚栓（机械型和化学试剂型）、地脚锚栓等紧固标准件及螺母、垫圈等标准配件，其品种、规格、性能等应符合现行国家产品标准和设计要求。高强度大六角头螺栓连接副和扭剪型高强度螺栓连接副出厂时应分别随箱带有扭矩系数和紧固轴力（预拉力）的检验报告。

检查数量：全数检查。

检验方法：检查产品的质量合格证明文件、中文标志及检验报告等。

（2）一般项目

1）高强度螺栓连接副，应按包装箱配套供货，包装箱上应标明批号、规格、数量及生产日期。螺栓、螺母、垫圈外观表面应涂油保护，不应出现生锈和沾染脏物，螺纹不应损伤。

检查数量：按包装箱数抽查5%，且应≥3箱。

检验方法：观察检查。

2）对建筑结构安全等级为一级，跨度40m及以上的螺栓球节点钢网架结构，其连接高强度螺栓应进行表面硬度试验。对8.8级的高强度螺栓，其硬度应为HRC21～29；对10.9级高强度螺栓，其硬度应为HRC32～36，且不得有裂纹或损伤。

检查数量：按规格抽查8只。

检验方法：硬度计、10倍放大镜或磁粉探伤。

3. 钢结构焊接工程

一般规定：碳素结构钢应在焊缝冷却到环境温度、低合金结构钢应在完成焊接24h以后，进行焊缝探伤检验。

（1）主控项目

1）焊条、焊剂、药芯焊丝、熔嘴等在使用前，应按其产品说明书及焊接工艺文件的规定进行烘焙和存放。

焊工必须经考试合格并取得合格证书。持证焊工必须在其考试合格项目及其认可范围内施焊。

施工单位对其首次采用的钢材、焊接材料、焊接方法、焊后热处理等，应进行焊接工艺评定，并应根据评定报告确定焊接工艺。

设计要求全焊透的一、二级焊缝应采用超声波探伤进行内部缺陷的检验；超声波探伤不能对缺陷做出判断时，应采用射线探伤，其内部缺陷分级及探伤方法应符合《焊缝无损检测 超声检测 技术、检测等级和评定》（GB/T 11345—2023）或《焊缝无损检测 射线检测 第1部分：X和伽马射线的胶片技术》（GB 3323.1—2019）的规定。

焊接球节点网架焊缝、螺栓球节点网架焊缝及圆管T、K、Y形节点相贯线焊缝，其内部缺陷分级及探伤方法应分别符合《钢结构超声波探伤及质量分级法》（JG/T 203—2007）的规定。

检查数量：全数检查。

检验方法：检查超声波或射线探伤记录。

2）焊缝表面不得有裂纹、焊瘤等缺陷。一级、二级焊缝不得有表面气孔、夹渣、弧坑裂纹、电弧擦伤等缺陷。一级焊缝不得有咬边、未焊满、根部收缩等缺陷。

检查数量：每批同类构件抽查 10%，且应≥3 件；被抽查构件中，每一类型焊缝按条数抽查 5%，且应≥1 条，每条检查 1 处，总抽查数应≥10 条。

检验方法：观察检查或使用放大镜、焊缝量规和钢尺检查；当存在疑义时，采用渗透或磁粉探伤检查。

（2）一般项目 焊缝感观应达到：外形均匀、成型较好，焊道与焊道、焊道与基本金属间过渡较平滑，焊渣和飞溅物基本清除干净。

检查数量：每批同类构件抽查 10%，且应≥3 件；被抽查构件中，每种焊缝按数量各抽查 5%，总抽查处应≥5 处。

检验方法：观察检查。

4. 紧固件连接工程

（1）普通紧固件连接

① 主控项目：普通螺栓作为永久性连接螺栓时，若设计有要求或对其质量有疑义，应进行螺栓实物最小拉力载荷复验，其结果应符合《紧固件机械性能 螺栓、螺钉和螺柱》（GB/T 3098.1—2010）的规定。

检查数量：每一规格螺栓抽查 8 个。

检验方法：检查螺栓实物复验报告。

② 一般项目：永久性普通螺栓紧固应牢固、可靠，外露丝扣应≥2 扣。

检查数量：按连接节点数抽查 10%，且应≥3 个。

检验方法：观察和用小锤敲击检查。

（2）高强度螺栓连接

1）主控项目。

① 钢结构制作和安装单位应按《钢结构工程施工质量验收标准》（GB 50205—2020）的规定分别进行高强度螺栓连接摩擦面的抗滑移系数试验和复验，现场处理的构件摩擦面应单独进行摩擦面抗滑移系数试验，其结果应符合设计要求。

检验方法：检查摩擦面抗滑移系数试验报告和复验报告。

② 高强度大六角头螺栓连接副终拧完成 1h 后、48h 内应进行终拧扭矩检查，检查结果应符合《钢结构工程施工质量验收标准》（GB 50205—2020）的规定。

检查数量：按节点数抽查 10%，且应≥10 个，每个被抽查节点按螺栓数抽查 10%，且应≥2 个。

2）一般项目。

① 高强度螺栓连接副终拧后，螺栓螺纹外露应为 2~3 扣，其中允许有 10% 的螺栓螺纹外露 1 扣或 4 扣。

检查数量：按节点数抽查 5%，且应≥10 个。

检验方法：观察检查。

② 高强度螺栓连接摩擦面应保持干燥、整洁，不应有飞边、毛刺、焊接飞溅物、焊疤、

氧化铁皮、污垢等，除设计要求外摩擦面不应涂漆。

检查数量：全数检查。

检验方法：观察检查。

③ 高强度螺栓应自由穿入螺栓孔。高强度螺栓孔不应采用气割扩孔，扩孔数量应征得设计同意，扩孔后的孔径应≤1.2d（d 为螺栓直径）。

检查数量：被扩螺栓孔全数检查。

检验方法：观察检查及用卡尺检查。

④ 螺栓球节点网架总拼完成后，高强度螺栓与球节点应紧固连接，高强度螺栓拧入螺栓球内的螺纹长度应≥1.0d（d 为螺栓直径），连接处不应出现有间隙、松动等未拧紧情况。

检查数量：按节点数抽查 5%，且应≥10 个。

检验方法：普通扳手及尺量检查。

5. 钢构件组装工程

（1）焊接 H 型钢　一般项目：焊接 H 型钢的翼缘板拼接缝和腹板拼接缝的间距应≥200mm。翼缘板拼接长度应≥2 倍板宽；腹板拼接宽度应≥300mm，长度应≥600mm。

检查数量：全数检查。

检验方法：观察和用钢尺检查。

（2）组装

1）主控项目。吊车梁和吊车桁架不应下挠。

检查数量：全数检查。

检验方法：构件直立在两端支承后，用水准仪和钢尺检查。

2）一般项目。

① 顶紧接触面应有 75% 以上的面积紧贴。

检查数量：按接触面的数量抽查 10%，且应≥10 个。

检验方法：用 0.3mm 塞尺检查，其塞入面积应≥25%，边缘间隙应≤0.8mm。

② 桁架结构杆件轴线交点错位的允许偏差≤3.0mm。

检查数量：按构件数抽查 10%，且应≥3 个，每个抽查构件按节点数抽查 10%，且应≥3 个节点。

检验方法：尺量检查。

6. 单层钢结构安装工程

（1）一般规定　安装时，必须控制屋面、楼面、平台等的施工荷载，施工荷载和冰雪荷载等严禁超过梁、桁架、楼面板、屋面板、平台铺板等的承载能力。在形成空间刚度单元后，应及时对柱底板和基础顶面的空隙进行细石混凝土、灌浆料等二次浇灌。吊车梁或直接承受动力荷载的梁，其受拉翼缘、吊车桁架或直接承受动力荷载的桁架的受拉弦杆上不得焊接悬挂物和卡具等。

（2）安装和校正　主控项目：单层钢结构主体结构的整体垂直度允许偏差应为 $H/1000$，且应≤25.0mm，整体平面弯曲的允许偏差应为 $L/1500$，且应≤25.0mm。

检查数量：对主要立面全部检查。对每个所检查的立面，除两列角柱外，尚应至少选取一列中间柱。

7. 多层及高层钢结构安装工程

（1）一般规定　柱、梁、支撑等构件的长度尺寸应包括焊接收缩余量等变形值。安装柱时，每节柱的定位轴线应从地面控制轴线直接引上，不得从下层柱的轴线引上。结构的楼层标高可按相对标高或设计标高进行控制。

（2）安装和校正　主控项目：多层及高层钢结构主体结构的整体垂直度允许偏差应为 $H/2500 + 10.0\,\text{mm}$，且应 $\leqslant 50.0\,\text{mm}$，整体平面弯曲的允许偏差应为 $L/1500$，且应 $\leqslant 25.0\,\text{mm}$。

检查数量：对主要立面全部检查。对每个所检查的立面，除两列角柱外，尚应至少选取一列中间柱。

检验方法：对于整体垂直度，可采用激光经纬仪、全站仪测量，也可根据各节柱的垂直度允许偏差累计计算。对于整体平面弯曲，可按产生的允许偏差累计计算。

8. 钢结构涂装工程

（1）一般规定　钢结构普通涂料涂装工程应在钢结构构件组装、预拼装或钢结构安装工程检验批的施工质量验收合格后进行。钢结构防火涂料涂装工程应在钢结构安装工程检验批和钢结构普通涂料涂装检验批的施工质量验收合格后进行。

涂装时的环境温度和相对湿度应符合涂料产品说明书的要求；当产品说明书无要求时，环境温度宜在5~38℃之间，相对湿度应≤85%。涂装时构件表面不应有结露，涂装后4h内应保护其免受雨淋。

（2）防腐涂料涂装　主控项目：涂料、涂装遍数、涂层厚度均应符合设计要求。当设计对涂层厚度无要求时，涂层干漆膜总厚度：室外应为150μm，室内应为125μm，其允许偏差为 $-25\,\mu\text{m}$。每遍涂层干漆膜厚度的允许偏差为 $-5\,\mu\text{m}$。

检查数量：按构件数抽查10%，且同类构件应≥3件。

检验方法：用干漆膜测厚仪检查。每个构件检测5处，每处的数值为3个相距50mm测点涂层干漆膜厚度的平均值。

（3）防火涂料涂装

① 主控项目：薄涂型防火涂料的涂层厚度应符合有关耐火极限的设计要求。厚涂型防火涂料涂层的厚度，80%及以上面积应符合有关耐火极限的设计要求，且最薄处厚度应≥设计要求的85%。

检查数量：按同类构件数抽查10%，且均应≥3件。

检验方法：用涂层厚度测量仪、测针和钢尺检查。

② 薄涂型防火涂料涂层表面裂纹宽度应≤0.5mm；厚涂型防火涂料涂层表面裂纹宽度应≤1mm。

检查数量：按同类构件数抽查10%，且均应≥3件。

检验方法：观察和用尺量检查。

二、完成钢结构分项工程检验批质量验收记录表

《钢结构工程施工质量验收标准》（GB 50205—2020）给出了钢结构分项工程检验批质量验收记录表作为参考（部分），见表5-13~表5-18。表内"第×.×.×条"指上述规范相关条文。

表 5-13　钢结构（钢构件焊接）分项工程检验批质量验收记录

单位（子单位）工程名称	×××工程	分部（子分部）工程名称	厂房上部主体结构	分项工程名称	H 型钢焊接
施工单位	×××	项目负责人	×××	检验批容量	18
分包单位	×××	分包单位项目负责人	×××	检验批部位	B 轴线：GJ－1、GJ－2、GJ－3
施工依据	《钢结构工程施工规范》（GB 50755—2012）		验收依据		《钢结构工程施工质量验收标准》（GB 50205—2020）

	序号	验收项目	设计要求及标准规定	最小/实际抽样数量	检查记录	检查结果
主控项目	1	焊接材料进场	第4.6.1条	全数检查/1	检查质量证明文件和抽样检验报告	合格
	2	焊接材料复验	第4.6.2条	全数检查/1	见证取样送样，检查复验报告	合格
	3	材料匹配	第5.2.1条	全数检查/1	检查质量证明书和烘焙记录	合格
	4	焊工证书	第5.2.2条	全数检查/3 人次	检查焊工合格证及其认可范围、有效期	合格
	5	焊接工艺评定	第5.2.3条	全数检查/1	检查焊接工艺评定报告、焊接工艺规程、焊接过程参数测定记录	合格
	6	内部缺陷	第5.2.4条、第5.2.5条	全数检查/1	检查超声波或射线探伤记录	合格
	7	组合焊缝尺寸	第5.2.6条	资料全数检查，同类焊缝抽查10%，且不应少于3 条/10	观察检查，用焊缝量规抽查测量	合格
一般项目	1	焊接材料进场	第4.6.5条	全数检查/1	见证取样送样，检查复验报告	合格
	2	预热或后热处理	第5.2.9条	全数检查/1	检查预热或后热施工记录和焊接工艺评定报告	合格
	3	焊缝外观质量	第5.2.7条	每批同类构件抽查10%/2	观察检查或使用放大镜、焊缝量规和钢尺检查	合格
	4	焊缝外观尺寸偏差	第5.2.8条	每批同类构件抽查10%/2	用焊缝量规检查	合格

施工单位检查结果	符合规范和设计要求。 专业工长：××× 项目专业质量检查员：××× ×××年××月××日
监理单位验收结论	合格。 专业监理工程师：××× ×××年××月××日

表 5-14　钢结构（普通紧固件连接）分项工程检验批质量验收记录

单位（子单位） 工程名称	×××工程	分部（子分部） 工程名称	厂房上部 主体结构	分项工程名称	水平刚性系杆 普通紧固件连接
施工单位	×××	项目负责人	×××	检验批容量	4
分包单位	×××	分包单位 项目负责人	×××	检验批部位	①、②轴线水 平刚性系杆连结
施工依据	《钢结构工程施工规范》 （GB 50755—2012）		验收依据	《钢结构工程施工质量验收标准》 （GB 50205—2020）	

序号		验收项目	设计要求及 标准规定	最小/实际抽样数量	检查记录	检查结果
主控 项目	1	成品进场	第4.7.1条	质量证明文件 全数检查/4	检查质量证明 文件和抽样检验报告	合格
	2	螺栓实物复验	第6.2.1条	每一规格螺栓 应抽查8个/8	检查螺栓实物复验报告	合格
	3	匹配及间距	第6.2.2条	按连接节点数抽查1%， 且不应少于3个/3	观察和尺量检查	合格
一般 项目	1	螺栓紧固	第6.2.3条	按连接节点数抽查10%， 且不应少于3个/3	观察和用小锤 敲击检查	合格
	2	外观质量	第6.2.4条	按连接节点数抽查 10%，且不应少于3个/3	观察或用小锤敲击检查	合格

施工单位 检查结果	符合规范和设计要求。 专业工长：××× 项目专业质量检查员：××× ×××年××月××日
监理单位 验收结论	合格。 专业监理工程师：××× ×××年××月××日

表 5-15　钢结构（高强度螺栓连接）分项工程检验批质量验收记录

单位（子单位） 工程名称	×××工程	分部（子分部） 工程名称	厂房上部 主体结构	分项工程 名称	刚架高强度 螺栓连接
施工单位	×××	项目负责人	×××	检验批容量	15
分包单位	×××	分包单位 项目负责人	×××	检验批部位	B轴线：GJ-1、 GJ-2、GJ-3
施工依据	《钢结构工程施工规范》 （GB 50755—2012）		验收依据	《钢结构工程施工质量验收标准》 （GB 50205—2020）	

序号		验收项目	设计要求及标准规定	最小/实际抽样数量	检查记录	检查结果
主控项目	1	成品进场	第4.7.1条	全数检查/15	检查质量证明文件和抽样检验报告	合格
	2	扭矩系数或轴力复验	第4.7.2条	每批抽取8套连接副进行复验/8	见证取样送样，检查复验报告	合格
	3	抗滑移系数试验	第6.3.1条、第6.3.2条	每批抽取8套连接副进行复验/8	检查摩擦面抗滑移系数试验报告及复验报告	合格
	4	终拧扭矩	第6.3.3条、第6.3.4条	按节点数抽查10%，且不少于10个，每个被抽查到的节点，按螺栓数抽查10%，且不少于2个/10	在螺杆端面（或垫圈）和螺母相对位置画线，然后全部卸松螺母，再按规定的初拧扭矩和终拧角度重新拧紧螺栓，测量终止线与原终止线画线间的夹角	合格
一般项目	1	成品包装	第4.7.5条	按包装箱数抽查5%，且不应少于3箱/3	观察检查	合格
	2	表面硬度检验	第4.7.6条	按规格抽查8只/8	用硬度计测定	合格
	3	镀层厚度	第4.7.4条	按规格抽查8只/8	用点接触测厚计测定	合格
	4	初拧、终拧扭矩	第6.3.5条	全数检查/120	检查扭矩扳手标定记录和螺栓施工记录	合格
	5	连接外观质量	第6.3.6条	按节点数抽查5%，且不应小于10个/10	观察检查	合格
	6	摩擦面外观	第6.3.7条	全数检查/15	观察检查	合格
	7	扩孔	第6.3.8条	全数检查/120	观察检查及用卡尺检查	合格
施工单位检查结果		符合规范和设计要求。 专业工长：×××　项目专业质量检查员：×××　×××年××月××日				
监理单位验收结论		合格。 专业监理工程师：×××　×××年××月××日				

表 5-16　钢结构（零件及部件加工）分项工程检验批质量验收记录

单位（子单位）工程名称	×××工程	分部（子分部）工程名称	厂房上部主体结构	分项工程名称	刚架部件加工
施工单位	×××	项目负责人	×××	检验批容量	15
分包单位	×××	分包单位项目负责人	×××	检验批部位	B 轴线：GJ－1、GJ－2、GJ－3
施工依据	《钢结构工程施工规范》（GB 50755—2012）		验收依据	《钢结构工程施工质量验收标准》（GB 50205—2020）	

序号		验收项目	设计要求及标准规定	最小/实际抽样数量	检查记录	检查结果
主控项目	1	材料进场	第4.2.1条、第4.3.1条、第4.4.1条	质量证明文件全数检查；抽样数量按进场批次和产品的抽样检验方案确定/15	检查质量证明文件和抽样检验报告	合格
	2	钢材复验	第4.2.2条、第4.3.2条、第4.4.2条	全数检查/15	见证取样送样，检查复验报告	合格
	3	切面质量	第7.2.1条	全数检查/15	用放大镜，有疑义时应进行渗透、磁粉或超声波探伤检查	合格
	4	矫正和成型	第7.3.1条、第7.3.2条	全数检查/15	检查制作工艺报告和施工记录	合格
	5	边缘加工	第7.4.1条	全数检查/15	检查工艺报告和施工记录	合格
	6	螺栓球、焊接球加工	第7.5.1条、第7.5.4条	/	/	/
	7	制孔	第7.7.1条	按钢构件数量抽查10%，且不应少于3件/3	用游标卡尺或孔径量规检查	合格
	8	节点探伤	第7.6.1条	全数检查/15	检查探伤报告	合格

（续）

序号		验收项目	设计要求及标准规定	最小/实际抽样数量	检查记录	检查结果
一般项目	1	材料规格尺寸	第4.2.3条、第4.3.4条、第4.4.3条	每批同一品种、规格的钢板抽检10%，且不应少于3张，每张检测3处/3	用游标卡尺或超声波测厚仪量测。用拉线和钢尺量测	合格
	2	钢材表面质量	第4.2.5条、第4.3.5条、第4.4.4条、第4.4.5条、第7.6.2条、第7.6.6条	全数检查/15	观察	合格
	3	切割精度	第7.2.2条、第7.2.3条	按切割面数抽查10%，且不应少于3个/3	观察检查或用钢尺、塞尺检查	合格
	4	矫正质量	第7.3.3~7.3.7条、第7.6.5条	全数检查/15	观察检查和实测检查	合格
	5	边缘加工精度	第7.4.2~7.4.4条	按加工面数抽查10%，且不应少于3个/3	观察检查和实测检查	合格
	6	螺栓球、焊接球加工精度	第7.5.7条、第7.5.9条	/	/	/
	7	管件加工精度	第7.2.4条	按杆件数抽查10%，且不应少于3个/3	观察检查或用钢尺、塞尺检查	合格
	8	制孔精度	第7.6.3条、第7.7.2条	按规格抽查10%，且不应少于3个/3	用卡尺、直尺、角度尺检查	合格

施工单位检查结果	符合规范和设计要求。 专业工长：××× 项目专业质量检查员：××× ××××年××月××日
监理单位验收结论	合格。 专业监理工程师：××× ××××年××月××日

表 5-17　钢结构（构件组装）分项工程检验批质量验收记录

单位(子单位)工程名称	×××工程	分部(子分部)工程名称	厂房上部主体结构	分项工程名称	刚架构件组装
施工单位	×××	项目负责人	×××	检验批容量	3
分包单位	×××	分包单位项目负责人	×××	检验批部位	B轴线：GJ-1、GJ-2、GJ-3
施工依据	《钢结构工程施工规范》(GB 50755—2012)		验收依据	《钢结构工程施工质量验收标准》(GB 50205—2020)	

	序号	验收项目	设计要求及标准规定	最小/实际抽样数量	检查记录	检查结果
主控项目	1	拼接对接焊缝	第8.2.1条	全数检查/3	检查超声波探伤报告	合格
	2	吊车梁(桁架)	第8.3.1条	全数检查/3	构件直立，在两端支撑后，用水准仪和钢尺检查	合格
	3	端部铣平精度	第8.4.1条	按铣平面数量抽查10%，且不应少于3个/3	用钢尺、角尺、塞尺等检查	合格
	4	外形尺寸	第8.5.1条	全数检查/3	用钢尺检查	合格
一般项目	1	焊接H型钢组装精度	第8.3.2条	按钢构件数抽查10%，且不应少于3件/3	用钢尺、角尺、塞尺等检查	合格
	2	焊接组装精度	第8.3.3条	按钢构件数抽查10%，且不应少于3件/3	用钢尺、角尺、塞尺等检查	合格
	3	轴线交点错位	第8.3.4条	检查数量：按钢构件数抽查10%，且不应少于3件；每个抽查构件按节点数抽查10%，且不应少于3个节点/3	尺量检查	合格
	4	顶紧接触面	第8.4.2条	全数检查/3	检验方法：用0.3mm的塞尺检查，其塞入面积应小于25%，边缘最大间隙不应大于0.8mm	合格
	5	铣平面保护	第8.4.3条	全数检查/3	观察检查	合格
	6	外形尺寸	第8.5.2~8.5.9条	按钢构件数抽查10%，且不应少于3件/3	用钢尺、角尺、塞尺等检查	合格

施工单位检查结果	符合规范和设计要求。 专业工长：××× 项目专业质量检查员：××× ×××年××月××日
监理单位验收结论	合格。 专业监理工程师：××× ×××年××月××日

表5-18　钢结构（单层结构安装）分项工程检验批质量验收记录

单位（子单位）工程名称	×××工程	分部（子分部）工程名称	厂房上部主体结构	分项工程名称	单层结构安装
施工单位	×××	项目负责人	×××	检验批容量	18
分包单位	×××	分包单位项目负责人	×××	检验批部位	A、B、C轴线
施工依据	《钢结构工程施工规范》（GB 50755—2012）		验收依据	《钢结构工程施工质量验收标准》（GB 50205—2020）	

	序号	验收项目	设计要求及标准规定	最小/实际抽样数量	检查记录	检查结果
主控项目	1	基础验收	第10.2.1~10.2.4条	按柱基数抽查10%，且不应少于3个/3	用经纬仪、水准仪、全站仪和钢尺现场实测	合格
	2	构件验收	第10.3.1条、第10.4.1条、第10.5.1条、第10.7.1条	按钢柱数抽查10%，且不应少于3个/3	用拉线、钢尺现场实测或观察	合格
	3	顶紧接触面	第10.3.2条	按节点或接头数抽查10%，且不应少于3个/3	用钢尺及0.3mm和0.8mm厚的塞尺现场实测	合格
	4	垂直度和侧向弯曲	第10.4.2条	按同类构件数抽查10%，且不应少于3个/3	用吊线、拉线、经纬仪和钢尺现场实测	合格
	5	构件对接节点偏差	第10.5.2条	按同类构件数抽查10%，且不应少于3件，每件不少于3个坐标点/3	用吊线、拉线、经纬仪和钢尺、全站仪现场实测	合格
	6	平台等安装精度	第10.8.2条	按钢平台总数抽查10%，栏杆、钢梯按总长度各抽查10%，但钢平台不应少于1个，栏杆不应少于5m/3	用吊线、拉线、经纬仪和钢尺	合格
	7	主体结构尺寸	第10.9.1条	对主要立面全部检查。对每个所检查的立面，除两列角柱外，尚应至少选取一列中间柱/3	采用经纬仪、全站仪、GPS等测量	合格

（续）

序号		验收项目	设计要求及标准规定	最小/实际抽样数量	检查记录	检查结果
一般项目	1	地脚螺栓精度	第10.2.6条	按基础数抽查10%，且不应少于3处/3	用钢尺现场实测	合格
	2	标记	第10.3.3条	按同类构件或钢柱数抽查10%，且不应少于3件/3	观察检查	合格
	3	屋架、桁架、梁安装精度	第10.4.3条、第10.4.5条	按同类构件数抽查10%，且不应少于3榀/3	用拉线和钢尺现场实测	合格
	4	钢柱安装精度	第10.3.4条	按钢柱数抽查10%，且不应少于3件/3	用吊线、拉线、经纬仪和钢尺检查	合格
	5	吊车梁安装精度	第10.4.4条	按同类构件数抽查10%，且不应少于3榀/3	用吊线、拉线、经纬仪和钢尺检查	合格
	6	檩条等安装精度	第10.7.3条	按同类构件数抽查10%，且不应少于3件/3	用吊线、拉线、经纬仪和钢尺检查	合格
	7	现场组对精度	第10.5.4条、第10.5.5条	按同类构件数抽查10%，且不应少于3件，每件不应少于3个坐标点/3	用吊线、拉线、经纬仪和钢尺、全站仪现场实测	合格
	8	结构表面	第10.3.6条	按同类构件数抽查10%，且不应少于3件/3	观察检查	合格
施工单位检查结果			符合规范和设计要求。 专业工长：××× 项目专业质量检查员：××× ××××年××月××日			
监理单位验收结论			合格。 专业监理工程师：××× ××××年××月××日			

 实践成果

1）实践作业。形成钢结构工程施工记录、钢结构工程施工质量验收检验资料。

2）工作情境模拟操作。

学习情境六　屋面及防水工程

案例导入

本工程总建筑面积约 338685.3m²，其中地上建筑面积 276777.31m²，地下建筑面积 61908m²。建筑高度：塔楼规划高度 103.4m（消防高度 98.6m）。总层数 22～34 层，地下 1 层，小学部分教学楼 4 层，风雨操场 2 层，服务中心 2 层；商业地上 2～3 层，地下 1 层，与高层住宅楼相连；村委会为地上 6 层，地下 1 层。地下共设置 A、B、C 三个地下室，A、B 地下室底板厚 300mm，C 地下室底板厚 350mm，地下室顶板厚 250mm（详见结施图）。主楼四周设置沉降后浇带，其余部分均设置伸缩后浇带。本工程施工面积大，工期短，后浇带多，是本工程施工控制的重点。大面积施工必须严格控制施工质量，确保符合规范要求。

本工程屋面防水等级为一级，上人屋面采用 4mm 厚自粘聚合物改性沥青防水卷材，不上人屋面采用 3mm 厚自粘聚合物改性沥青防水卷材。

厨房及卫生间均采用 1.5mm 厚聚氨酯防水涂料，上翻 500mm。

典型任务 1　屋面及防水工程施工技术交底记录

知识点：

1. 屋面防水要求。
2. 屋面及防水工程隐蔽验收记录。
3. 屋面及防水工程施工技术交底。

能力（技能）点：

1. 能按照指定施工任务编制屋面及防水工程隐蔽验收记录。
2. 能按照指定施工任务编制屋面及防水工程施工技术交底记录表。

实践目的

1）以实际应用为主，培养实际操作能力，提高动手能力。
2）掌握常见防水材料的种类及其性能。
3）通过现场具体操作训练，掌握砌体工程技术交底的内容及隐蔽工程验收的内容。

实践分解任务

1）熟悉屋面防水工程的防水等级和设防要求。
2）掌握常见防水材料的种类及其性能。
3）填写砌体工程技术交底及隐蔽工程验收资料。

实践分组

以小组为单位（6~8人为一组），在规定时间内完成以上内容。

 实践场地

实训室、机房。

 实践实施过程

一、提出工作计划和方案

引导问题1：屋面防水工程的防水等级和设防要求是什么？

运用知识：屋面工程应根据建筑物的性质、重要程度、使用功能要求以及防水层合理使用年限，按不同等级进行设防，并应符合表6-1的要求。

表6-1 屋面防水等级要求

项目	屋面防水等级			
	Ⅰ级	Ⅱ级	Ⅲ级	Ⅳ级
建筑物类别	特别重要或对防水有特殊要求的建筑	重要建筑和高层建筑	一般建筑	非永久性的建筑
防水合理使用年限	25年	15年	10年	5年
设防要求	三道或三道以上防水设防	二道防水设防	一道防水设防	一道防水设防
防水层选用材料	宜选用合成高分子防水卷材、高聚物改性沥青防水卷材、金属板材、合成高分子防水涂料、细石防水混凝土等材料	宜选用高聚物改性沥青防水卷材、合成高分子防水卷材、金属板材、合成高分子防水涂料、高聚物改性沥青防水涂料、细石防水混凝土、平瓦、油毡瓦等材料	宜选用高聚物改性沥青防水卷材、合成高分子防水卷材、三毡四油沥青防水卷材、金属板材、高聚物改性沥青防水涂料、合成高分子防水涂料、细石防水混凝土、平瓦、油毡瓦等材料	可选用二毡三油沥青防水卷材、高聚物改性沥青防水涂料等材料

屋面根据防水材料的不同可分为刚性防水屋面、卷材防水屋面、涂膜防水屋面或复合屋面等常见的类型。

引导问题2：常见防水材料的种类及其性能有哪些？

运用知识：随着现代材料科学和工程技术的发展，建筑防水材料的品种及数量越来越多，性能差别较大。总体来说，防水材料依据其外观和塑性特征可分为防水卷材、防水涂料、密封材料及刚性防水材料四大系列。

1. 防水卷材

防水卷材主要有以下几种：沥青防水卷材、高聚物改性沥青防水卷材和合成高分子防水卷材。目前应用较广泛的是高聚物改性沥青防水卷材，正在推广使用的是合成高分子防水卷材。防水卷材的特性如下。

① 水密性：具有一定的抗渗能力，吸水率低，浸泡后防水能力降低少。

② 大气稳定性好：在紫外线、臭氧老化影响下性能持久。

③ 温度稳定性好：高温不流淌变形，低温不脆断，在一定温度条件下，保持性能良好。

④ 一定的力学性能：能承受施工及变形条件下的荷载（作用），具有一定强度和伸长率。

⑤ 施工性良好：工艺简便，便于施工。

本工程实例采用自粘聚合物改性沥青防水卷材，它是以 SBS、优质沥青、增塑剂、增粘剂、防老化剂等材料为基料，采用聚酯毡为胎体，以聚乙烯膜、铝箔、土工布、矿物粒料等为表面材料，采用防粘隔离膜为隔离层的自粘防水卷材。自粘聚合物改性沥青防水卷材的性能指标见表 6-2。

表 6-2 自粘聚合物改性沥青防水卷材性能指标

序号	项目			指标	
				I	II
1	可溶物含量/(g/m^2) ≥		3.0mm	2100	
			4.0mm	2900	
2	拉伸性能	拉力/(N/50mm) ≥	3.0mm	450	600
			4.0mm	450	800
		最大拉力时延伸率（%） ≥		30	40
3	耐热性			70℃无滑动、流淌、滴落	
4	低温柔性/℃			−20	−30
				无裂纹	
5	不透水性			0.3MPa，120min不透水	
6	剥离强度/(N/mm) ≥		卷材与卷材	1.0	
			卷材与铝板	1.5	
7	钉杆水密性			通过	
8	渗油性/张数 ≤			2	
9	持粘性/min ≥			15	
10	热老化	最大拉伸时延伸率（%）		30	40
		低温柔性/℃		−18	−28
				无裂纹	
		卷材与铝板剥离强度/(N/mm) ≥		1.5	
		尺寸稳定性（%） ≤		1.5	1.0
11	自粘沥青再剥离强度/(N/mm) ≥			1.5	

2. 防水涂料

防水涂料按涂层厚度不同可分为厚质涂料和薄质涂料。厚质涂料有：石灰乳化沥青防水涂料、膨润土乳化沥青涂料、石棉沥青防水涂料、黏土乳化沥青涂料等。薄质涂料分三大类：沥青基橡胶防水涂料、化工副产品防水涂料、合成树脂防水涂料。按液态类型不同，防水涂料又可分为溶剂型、乳液型和反应型。溶剂型涂料是高分子材料溶解于溶剂中形成的溶液。乳液型涂料是以水作为分散介质，高分子材料以极微小的颗粒稳定悬浮于水中形成的乳液，水分蒸发后成膜。

常用防水涂料的品种有：高聚物改性沥青防水涂料、合成高分子防水涂料及水泥基防水涂料等。

① 高聚物改性沥青防水涂料：包括氯丁橡胶沥青防水涂料、再生橡胶沥青防水涂料、丁基橡胶沥青防水涂料、丁苯橡胶沥青防水涂料、SBS 改性沥青防水涂料。

② 合成高分子防水涂料：包括 851 焦油聚氨酯防水涂料、硅橡胶防水涂料、丙烯酸酯防水涂料、PVC 防水涂料、SLR – 691 防水涂料。

③ 水泥基防水涂料：包括 903 聚合物水泥砂浆防水胶、JH – FS861 防水胶乳、防水宝。

本工程实例采用聚氨酯防水涂料。聚氨酯防水涂料是由异氰酸酯、聚醚等经加成聚合反应而成的含异氰酸酯基的预聚体，配以催化剂、无水助剂、无水填充剂、溶剂等，经混合等工序加工制成的防水涂料。该类涂料为反应固化型（湿气固化）涂料，具有强度高、延伸率大、耐水性能好等特点，对基层变形的适应能力强。聚氨酯防水涂料的性能指标见表6-3。

表 6-3　聚氨酯防水涂料性能指标

序号	项目		指标
1	拉伸强度/MPa		≥6.00
2	断裂伸长率（%）		≥450
3	低温弯折性/℃		−35
4	不透水性（MPa，12min 无渗漏）		0.3
5	固体含量（%）		85
6	加热处理	断裂伸长率（%）	≥400
		拉伸强度保持率（%）	80～150
		低温弯折性/℃	≤ −30

3. 密封材料

密封材料是能承受位移并具有高气密性及水密性而嵌入建筑接缝中的定形和不定形材料。定形密封材料是具有一定形状和尺寸的密封材料，如密封条带、止水带等；不定形密封材料通常是黏稠状的材料，分为弹性密封材料和非弹性密封材料。

为保证防水密封的效果，建筑密封材料应具有高水密性和气密性，良好的黏结性、耐高低温性和耐老化性能，一定的弹塑性和拉伸－压缩循环性能。密封材料的选用，应首先考虑其黏结性能和使用部位。密封材料与被粘基层的良好黏结，是保证密封的必要条件，因此，应根据被粘基层的材质、表面状态和性质来选择黏结性良好的密封材料；建筑物中不同部位的接缝，对密封材料的要求不同，如室外接缝要求较高的耐候性，而伸缩缝则要求较好的弹塑性和拉伸－压缩循环性能。

引导问题3：屋面及防水工程技术交底的内容有哪些？

运用知识：

（一）卷材屋面防水施工

1. 技术准备

1）施工人员持证上岗，保证所有施工人员都能按有关操作规程、规范及有关工艺要求施工。

2）对于复杂的施工分项以及重要施工部位，要事先编制具体施工方案。

3）事先准备本工程的各项检查资料，确保资料真实，及时归档。

2. 材料选择

（1）主要材料选择　根据设计图样，本工程上人屋面采用4mm厚自粘聚合物改性沥青防水卷材，不上人屋面采用3mm厚自粘聚合物改性沥青防水卷材。

（2）配套材料　基层处理剂：采用基层水泥胶。

3. 机具准备

小平铲、扫帚、滚动刷、铁桶、剪刀、卷尺。

4. 施工方法

（1）工艺流程　基层表面清理、修补→涂刷基层水泥胶→附加层及特殊部位防水施工→铺贴自粘防水卷材→卷材搭接封边→清理、检查、修补→验收→保护层施工。

（2）操作工艺

1）基层处理。

① 找平层应以水泥砂浆抹平压光。基层与凸出屋面的结构（如女儿墙、天窗、变形缝、烟囱、管道、旗杆等）相连的阴阳角，基层与檐口、天沟、排水口、沟脊的边缘相连的转角处应抹成光滑的圆弧形，其半径一般为50mm。

② 基层表面应坚实且具有一定的强度，清洁干净，表面无浮土、砂粒等污物，残留的砂浆块或凸起物应以铲刀削平。

③ 伸出屋面的管道及连接件应安装牢固，接缝严密，若有铁锈、油污应以钢丝刷、砂纸溶剂等予以清理干净。

2）涂布底胶。涂布底胶的目的是清理基层灰尘，隔绝基层潮气，增强卷材和基层的黏结能力。涂布底胶时，用长把刷把基层水泥胶均匀涂刷在干净和干燥的基层表面上，复杂部位用油漆刷刷涂，要求不露白，涂刷均匀。

3）卷材施工。

① 应将卷材顺长方向进行配置，使卷材长向与流水方向垂直，卷材搭接要顺流水坡方向，不应成逆向。

② 先铺设高跨屋面，后铺下层屋面，先铺设排水比较集中的部位（如排水口、檐口、天沟等处），按标高由低向高的顺序铺设。

③ 在基层上弹出基准线，把卷材试铺定位。把成卷的改性卷材向前滚铺，使其黏结在基层表面上。

④ 卷材的搭接宽度为80mm。

⑤ 铺贴平面和立面的卷材防水层。

⑥ 在铺平面与立面相连的卷材时，应先铺贴平面，然后由下向上铺贴，并使卷材紧贴

阴角，满铺满粘，不应空鼓。

4）附加层。底胶涂布作业完成后，先在水沟、女儿墙、管根、阴阳角等重点部位铺贴一层附加层，宽度 300mm。

5. 质量检查与要求

1）所选用的改性沥青防水卷材的各项技术性能指标，应符合《弹性体改性沥青防水卷材》（GB 18242—2008）要求，产品应附有现场取样进行复核验证的质量检测报告，或其他有关材料质量证明文件。

2）卷材与卷材的搭接缝必须黏结牢固，封闭严密。不允许有皱褶、孔洞、翘边脱层、滑移或影响渗漏水的其他外观缺陷存在。

3）卷材与穿墙管之间黏结牢固，卷材的末端收头部位，必须封闭严密。

4）卷材防水层不允许有渗漏水的现象存在。

6. 成品保护

1）施工人员应穿软质胶底鞋，严禁穿带钉的硬底鞋。在施工过程中，严禁非本工序人员进入现场。

2）防水层上堆料放物，都应轻拿轻放，并加以方木铺垫。

3）施工用的小推车腿均应做包扎处理，防水层如搭设临时架子，架子管下口应加以板材铺垫，以防破坏防水层。

4）施工结束后要注意成品保护，严禁在防水层上堆放重物以及带棱角有尖刺的物品（如：钢筋、机械、建筑垃圾）。

5）防水层验收合格后，可直接在防水层上浇筑细石混凝土或砂浆作为刚性保护层，施工时必须防止施工机具（如手推车或铁锹）损坏防水层。

6）施工中若有局部防水层被破坏，应及时采取相应的补救措施，以确保防水层的质量。

7. 安全文明施工

1）施工人员均需经过三级安全教育培训并持有安全操作上岗证。进入现场必须戴好安全帽，穿具有安全性的软底鞋。

2）施工人员必须穿胶鞋进行施工，以免踩坏防水层。

3）平面卷材铺贴完后，应禁止重物堆放，以免碾压损坏。

4）卷材铺贴完后，应采用竹胶板等进行防护，浇筑保护层混凝土前，将竹胶板抽出。

5）卷材严禁在雨天施工；五级风及其以上时不得施工；气温低于 5℃时不宜施工。

6）要求上部作业人员文明施工，不得随意乱丢施工材料及建筑垃圾。

7）制定文明施工制度，划分环卫包干区，做到责任到人。

8）施工班组长必须对班组作业区的文明现场负责。坚持谁施工，谁清理，做到工完场清。下班前必须清理干净。

9）防水材料要存放在库房，不要长时间将材料放置在露天下，搬运时要轻放。

（二）聚氨酯防水涂料施工

1. 材料准备

聚氨酯单组分防水涂料可直接使用，不需要现场配料，省时省工，且在质量上有保证。该涂料有两种类型的产品，分别适用于垂直和水平表面。水平型涂料具有自流平性，垂直型涂料具有非下垂性，黏度完全满足直接涂刷的需要，在使用过程中无须掺兑溶剂，免除了有毒溶剂对环境的污染和对人身的伤害。

2. 施工机具

小平铲、扫帚、卷尺、盒尺、剪刀、油漆刷、滚刷、刮板、抹子、消防器材。

3. 施工工艺流程

检查施工准备情况→基层处理→湿润基面→大面涂刷聚氨酯防水涂料→收头密封处理→防水层质量检查及验收。

① 清扫基层：用铲刀将粘在找平层上的灰皮除掉，用扫帚将尘土清扫干净，尤其是管根、地漏和排水口等部位要仔细清理。当有油污时，应用钢丝刷和砂纸刷掉。表面必须平整，凹陷处要用1:3水泥砂浆找平。

② 涂刷底胶：将聚氨酯甲、乙两组份和二甲苯按1:1.5:2的比例（重量比）配合搅拌均匀，即可使用。用滚动刷或油漆刷蘸底胶均匀地涂刷在基层表面，不得过薄也不得过厚，涂刷量以0.2kg/m左右为宜。涂刷后应干燥4h以上，才能进行下一工序的操作。

③ 细部附加层：将聚氨酯涂膜防水材料按甲组份:乙组份=1:1.5的比例混合搅拌均匀，用油漆刷蘸涂料在地漏、管根、阴阳角和出水口等容易漏水的薄弱部位均匀涂刷，不得漏刷（地面与墙面交接处，涂膜防水拐墙上做100mm高）。

④ 第一层涂膜：将聚氨酯甲、乙两组份和二甲苯按1:1.5:0.2的比例（重量比）配合后，倒入拌料桶中，用电动搅拌器搅拌均匀（约5min），用橡胶刮板或油漆刷刮涂一层涂料，厚度要均匀一致，刮涂量以0.8~1.0kg/m为宜，从内往外退着操作。

⑤ 第二层涂膜：第一层涂膜后，涂膜固化到不粘手时，按第一遍材料配比方法，进行第二遍涂膜操作。为使涂膜厚度均匀，刮涂方向必须与第一遍刮涂方向垂直，刮涂量与第一遍相等。

⑥ 第三层涂膜：第二层涂膜固化后，仍按前两遍的材料配比搅拌好涂膜材料，进行第三遍刮涂，刮涂量以0.4~0.5kg/m为宜。涂完之后未固化时，可在涂膜表面稀撒干净的直径为2~3mm粒径的石渣，以增加与水泥砂浆覆盖层的黏结力。

在操作过程中根据当天操作量配料，不得搅拌过多。当涂料黏度过大不便涂刮时，可加入少量二甲苯进行稀释，加入量不得大于乙料的10%。如甲、乙料混合后固化过快，影响施工，可加入少许磷酸或苯磺酚氯化缓凝剂，加入量不得大于甲料的0.5%；如涂膜固化太慢，可加入少许二月桂酸二丁基锡作促凝剂，但加入量不得大于甲料的0.3%。

⑦ 收头密封处理：在涂层收头部位应使用单组分聚氨酯密封膏密封。

4. 质量要求

1）涂膜防水层不得有渗漏水现象，排水系统应顺畅。

2）所采用的涂料应符合质量标准和设计要求。

3）基层不得有酥松、起砂、起皮现象。

4）涂膜防水层不应有漏底、开裂、孔洞等缺陷以及脱皮、鼓泡、露胎体和皱皮等现象，涂膜防水层与基层之间应黏结牢固，不得有空鼓、砂眼、脱层等现象。厚度应符合设计要求。

5）收头部位的密封处理应连续、封闭。

6）刚性保护层与涂膜防水层之间应设置隔离层。

5. 注意事项

1）单组分聚氨酯防水涂料的质量、品种、规格和性能应符合有关规定。工厂报告和施工现场抽样送检等资料应齐全。

2）涂膜防水层的总厚度不应小于设计要求，厚薄均匀一致，可用针刺或在完成的涂膜上裁片等方法进行检验。

3）单组分聚氨酯涂膜防水层完成后，不得有渗漏和积水现象。检验屋面有无渗漏和积水、排水系统是否顺畅，应在雨后、持续淋水 2h 或闭水试验后进行。

6. 成品保护措施

1）操作人员应严格保护已做好的涂膜防水层，并及时做好保护层。在做保护层以前，非防水施工人员不得进入施工现场，以免损坏防水层。

2）地漏要防止杂物堵塞，确保排水畅通。

3）施工时，不允许涂膜材料污染已做好饰面的墙壁、卫生洁具、门窗等。

4）材料必须密封储存于阴凉干燥处，严禁与水接触。存放材料地点和施工现场必须通风良好。

5）存料、施工现场严禁烟火。

7. 安全文明施工

1）施工人员均需经过三级安全教育培训并持有安全操作上岗证。进入现场必须戴好安全帽，穿具有安全性的软底鞋；脚手架搭设时，作业人员需系好安全带。

2）单组分聚氨酯防水涂料和底涂均为易燃液状材料，要注意防火。

3）施工人员服从现场管理，遵守当地政策法规。

4）文明施工，施工结束时做好现场清理工作。

5）严格遵守施工操作规程，严禁违章操作。

6）施工人员必须穿胶鞋进行施工，以免踩坏防水层。

引导问题4：屋面及防水工程隐蔽验收记录有哪些？

运用知识：

1）屋面及防水工程需要进行隐蔽工程项目验收的内容如下。

① 屋面基层及各构造层隐蔽验收。

② 雨水口、泛水、变形缝、伸出屋面管道、天沟、檐沟、檐口、立面防水层端部等节点防水构造做法或收头处理。

③ 分格缝及密封材料（找平层、保温层、细石混凝土防水层、水泥砂浆保护层、细石混凝土保护层等需设分格缝和密封材料的构造层）。

④ 卷材、涂膜防水屋面阴阳角处找平层圆弧处理，刚性防水屋面细石混凝土防水层与立墙及凸出屋面结构等交接处柔性处理。

⑤ 卷材、涂膜防水层的搭接宽度和附加层。

2）屋面基层及构造层所采用的材料、厚度、做法（包括防水层遍数）应满足设计要求及有关国家标准的规定。

3）雨水口、泛水、变形缝、伸出屋面管道、天沟、檐沟、檐口、立面防水层端部等节点防水构造做法及收头处理应按设计图样和规范要求设置。

4）水泥砂浆和细石混凝土找平层（刚性防水层）纵横间距不宜大于6m，沥青砂浆找

建筑工程施工工艺实施与管理实践（中级）

平层纵横向间距不宜大于4m，水泥砂浆保护层分格面积宜为1m²，细石混凝土保护层分格面积不大于36m²。使用新型材料应按相关标准规定进行分格。

5）卷材、涂膜防水屋面阴阳角处应做圆弧处理，转角处圆弧半径应满足规范要求，刚性防水屋面的细石混凝土防水层与立墙及凸出屋面结构等交接处应做柔性密封处理。

6）卷材搭接宽度应满足《屋面工程质量验收规范》（GB 50207—2012）的要求，涂膜防水层胎体长边搭接宽度不应小于50mm，短边搭接宽度不应小于70mm。

表6-4为屋面及防水工程隐蔽检验记录范例。

表6-4　屋面及防水工程隐蔽检验记录

工程名称	×××	施工单位		×××	分项工程名称	×××	图号	
隐蔽日期	隐蔽部位、内容	单位	数量	检查情况			监理建设单位验收记录	
2021年×月×日	屋面隔汽层	处	3	1. 根据建筑图样及现行规范要求进行施工。 2. 待屋面板上的水泥砂浆找平层干燥后，将基层打扫干净，进行隔汽层施工。 3. 在找平层上刷冷底子油一道，沥青膏两道，涂刷均匀，无漏刷，凡是凸出屋面结构的连接处均刷高150mm。 4. 隔汽层的施工操作符合规范、设计要求			经检查，符合设计验收规范，评定合格，同意进行下道工序施工	
2021年×月×日	隔汽层破损情况	处	3	1. 屋面与女儿墙面（或出屋面的设备基础）连接处，沿墙面向上连续涂刷高出屋面基层300mm。 2. 隔汽层做好后要做好成品保护，在其干燥期间内不得上人，以免破坏成品。 3. 隔汽层做好后应均匀，无团状，无褶皱				

有关测试资料

名称	测试结果	证、单编号	备注
断裂伸长率	合格	×××	
不透水性	合格	×××	
拉伸强度	合格	×××	

附图

参加检查人员签字

施工单位	监理单位	建设单位
项目技术负责人：	监理工程师： （注册方章）	现场代表：

二、教师审查每个小组工作方案并提出整改建议
整改建议记录：

184

三、进一步优化方案并确定最终工作方案

最终工作方案记录：

实践成果

1）实践作业。

① 依据工程实例了解屋面防水要求，完成技术交底。

② 填写屋面及防水工程技术交底（表6-5）及隐蔽工程验收资料（表6-6）。

2）工作情境模拟操作。

表6-5　屋面及防水工程技术交底

工程名称	×××住宅小区	建设单位	×××建筑有限公司
监理单位		施工单位	
交底部位		交底日期	
交底人签字		接收人签字	

交底内容：

参加单位及人员	

注：本表一式四份，建设单位、监理单位、施工单位、城建档案馆各一份。

建筑工程施工工艺实施与管理实践（中级）

表6-6　屋面及防水工程隐蔽检验记录

工程名称		施工单位			分项工程名称			图号	
隐蔽日期	隐蔽部位、内容	单位	数量	检查情况			监理建设单位验收记录		

有关测试资料

名称	测试结果	证、单编号	备注

附图

参加检查人员签字

施工单位	监理单位	建设单位
项目技术负责人：	监理工程师： （注册方章）	现场代表：

注：本表一式四份，建设单位、施工单位、监理单位、城建档案馆各一份。

屋面及防水工程施工进度计划编制

知识点：

1. 屋面及防水工程施工人力、施工机械、运输的选择和配备。

2. 屋面及防水工程施工进度计划。

能力（技能）点：

1. 能够根据施工交底协调施工机械、人力、运输进行屋面及防水工程施工。

2. 能够按照已知工程量编制屋面及防水工程施工进度计划。

实践目的

1）以实际应用为主，培养实际操作能力，提高动手能力。

2）掌握屋面及防水工程施工工期管理措施。

3）通过现场具体操作训练，编制屋面及防水工程施工进度计划。

实践分解任务

1）依据案例编制劳动力、机械、工期计划表。

2）按照工程实例编制施工方案。

3）进行模拟仿真屋面及防水工程实训操作。

实践分组

以小组为单位（6~8人为一组），在规定时间内完成以上内容。

实践场地

实训室、机房。

实践实施过程

一、提出工作计划和方案，小组讨论

引导问题1：屋面及防水工程施工人力、施工机械、运输的选择和配备

运用知识：

1. 施工器材、运输机械

（1）施工器材

屋面及防水工程所用的施工器材见表6-7。

表 6-7　屋面及防水工程施工器材

序号	名称	用途	备注
1	扫帚、小铁铲、钢丝刷	清理基面	
2	卷尺、2m 直尺、塞尺	测量检查	
3	剪刀	裁剪卷材	
4	电动搅拌器	搅拌基层处理剂	
5	粉线	弹线	
6	长柄滚刷	涂刷基层处理剂	
7	手持压辊	滚压接缝、立面卷材	
8	扁平辊	滚压阴阳角	
9	大压辊	平面滚压大面卷材	
10	棕榈刷	涂刷基面	
11	液化气火焰喷枪	热熔防水卷材	
12	干粉灭火器	防火	

（2）运输机械　屋面及防水工程所用的运输机械包括井架升降机、塔式起重机、施工电梯和物料提升架。其中，井架式升降机和塔式起重机在学习情境五典型任务 2 中已有介绍，此处不再赘述。

1）施工电梯。多数施工电梯为人货两用，少数为仅供货用。电梯按其驱动方式可分为齿条驱动和绳轮驱动两种。齿条驱动电梯又有单吊箱（笼）式和双吊箱（笼）式两种，并装有可靠的限速装置，适于 20 层及 20 层以上建筑工程使用；绳轮驱动电梯为单吊箱（笼），无限速装置，轻巧便宜，适于 20 层以下建筑工程使用。

2）物料提升架（龙门吊）。物料提升架包括井式提升架（简称井架）、龙门式提升架（简称龙门架）、塔式提升架（简称塔架）和独杆升降台等，它们的共同特点如下。

① 提升采用卷扬方式，卷扬机设于架体外。

② 安全设备一般只有防冒顶、防坐冲和停层保险装置，因而只允许用于物料提升，不得载运人员。

③ 用于 10 层以下时，多采用缆风固定；用于超过 10 层的高层建筑施工时，必须采取附墙方式固定，成为无缆风高层物料提升架，并可在顶部设液压顶升构造，实现井架或塔架标准节的自升接高。

塔架是一种采用类似塔式起重机的塔身和附墙构造、两侧悬挂吊笼或混凝土斗的、可自升的物料提升架。

此外，还有一种用于烟囱等高耸构筑物施工的、随作业平台升高的井架式物料提升机，它可以供人员上下使用，在安全设施方面需相应加强，例如：增加限速装置和断绳保护等，以确保人员上下的安全。

2. 屋面及防水工程劳动力

以防水面积 10000m² 为例，应需工期为 30d，施工人员 46 人，具体劳动组织见表 6-8。

表 6-8　屋面及防水工程劳动力需求计划

序号	工种名称	人数	备注
1	防水工	25	
2	泥工	15	
3	项目经理	1	
4	技术员	1	
5	材料员	1	
6	安全管理员	1	
7	工长	2	

引导问题 2：屋面及防水工程施工进度计划的编制步骤是什么？

运用知识：

1）收集编制依据。

2）划分施工过程、施工段。本工程较大，有塔楼、小学部分教学楼、商业等，仅以塔楼为例讲解。屋面面积约为 6000m^2，按照工程量大致相等的原则将本实例划分为三个施工段。

3）确定施工顺序。施工顺序为：基层表面清理、修补→涂刷基层水泥胶→附加层及特殊部位防水施工→铺贴自粘防水卷材→卷材搭接封边→清理、检查、修补→验收→保护层施工。

4）计算工程量。

5）计算劳动量或机械台班需用量。

6）确定持续时间。基层表面清理、修补为 1d，涂刷基层水泥胶为 1d，附加层及特殊部位防水施工 1d，铺贴自粘防水卷材 6d，卷材搭接封边 1d，清理、检查、修补为 1d，验收为 1d，保护层施工为 2d。总工期为 25d。

7）绘制可行施工进度计划图。本实例屋面及防水工程为分部分项工程，一般不做进度计划安排。本例参照单位工程进度计划安排进行组织施工，不考虑组织间歇与技术间歇。铺贴自粘防水卷材的同时可以进行卷材搭接封边，因此将其组织搭接施工。组织流水施工的横道图见表 6-9。

表 6-9　施工进度计划横道图

序号	项目名称	年 天	2021																							
	工程名称：××工程		1	2	3	4	5	6	7	8	9	10	11	12	13	14	15	16	17	18	19	20	21	22	23	24	25
1	基层表面清理、修补	1																									
2	涂刷基层水泥胶	1																									
3	附加层及特殊部位防水施工	1																									

（续）

序号	项目名称	年天	2021																							
			1	2	3	4	5	6	7	8	9	10	11	12	13	14	15	16	17	18	19	20	21	22	23	24	25
4	铺贴自粘防水卷材	6			■	■	■	■	■	■							■	■	■	■	■	■					
5	卷材搭接封边	1																					■				
6	清理、检查、修补	1										■															
7	验收	1																	■								
8	保护层施工	2												■	■												

二、审查工作方案并提出整改建议

整改建议记录：

（各个分项工程可以细分，解决人、材、物之间的关系。）

三、进一步优化方案并确定最终工作方案

最终工作方案记录：

 实践成果

1）实践作业。

① 依据工程实例及工期要求完成施工准备工作计划一览表，包括劳动力组织需求计划表、机械机具需求计划表、屋面及防水工程施工作业计划表（横道图表）。

② 依据工程实例及工期要求编制屋面及防水工程施工方案。

2）工作情境模拟操作。

屋面及防水工程施工工艺及
主控项目质量检查

知识点：

1. 屋面及防水工程施工工艺。

2. 屋面及防水工程施工工艺标准。

3. 屋面及防水工程主控项目质量检查。

能力（技能）点：

1. 能够监督屋面及防水工程施工工艺流程，确保其符合工艺标准。

2. 能应用施工质量验收规范，对屋面及防水工程主控项目进行质量检查，达到质量验收规范要求。

 实践目的

1）以实际应用为主，培养实际操作能力，提高动手能力。

2）通过现场具体操作训练，获得生产技能和施工方面的实际知识，能够按照《建筑工程施工手册》，监督屋面及防水工程施工工艺流程符合工艺标准。

3）能应用施工质量验收规范，对屋面及防水工程主控项目进行质量检查，使其符合质量验收规范要求。

实践分解任务

1）根据施工实际情况合理安排屋面防水工程的施工流程。

2）根据《屋面工程质量验收规范》（GB 50207—2012）对屋面防水工程的主控项目进行质量检验。

3）编制填写屋面防水工程主控项目质量验收记录表。

 实践分组

以小组为单位（6~8人为一组），在规定时间内完成以上内容。

 实践场地

实训室、机房。

 实践实施过程

一、屋面及防水工程施工工艺流程

引导问题：屋面及防水工程施工流程是什么？

运用知识：

（1）不上人屋面　施工准备→基层清理→复杂部位防水层加强处理→涂刷胶粘剂→配

置卷材胶粘剂（随配随用）→铺贴卷材→验收。

（2）上人层面　施工准备→基层清理→基层处理剂涂刷→复杂部位增强处理→基层表面涂胶粘剂→铺贴卷材→卷材压实排气→卷材接头、收头黏结、密封→蓄水试验→保护层施工。

二、讨论并编制出屋面及防水工程主控项目质量验收记录表

引导问题1：屋面及防水工程的施工要点是什么？

运用知识：

1. 测量放线

认真核对屋面做法图中的分水线、集水线、雨水斗及雨水口位置。弹出水平标高控制线，上人屋面部分为+1000mm线，不上人屋面部分为+500mm线。

由水电专业配合，按屋面图分别弹放分水线、集水线，并注明流水方向；分别计算出各关键点的找坡厚度标高，由技术员给出统一标高。

技术人员对测量所弹放的各种控制线进行复核。

2. 找坡层

采用1:6水泥憎水型膨胀珍珠岩保温层按2%找坡。将屋面上的各凸出建筑物表面的杂物、灰尘清理干净，将各出风口的风篦子、百叶、门洞下口安装完毕；确定最低点处：各部位找坡层最低点标高为找平层向上翻30mm，并且和雨水口标高向下翻20mm相校核。

根据屋面排水各控制点相对标高图做灰饼、定点，灰饼采用1:6水泥粉煤灰制作，灰饼上口尺寸为200mm×200mm，下口尺寸为300mm×300mm，灰饼间距为3.0m。

当各种准备工作完毕后，由水、电、土建办理联检单，再进行大面积的铺设。铺设时以已经施工的雨水口和各个灰饼点为控制点，屋面排水坡度为2%，采用4.0m刮杠刮平，用铁滚进行滚压密实，并由实验室进行压实送检。

对出顶层柱头、女儿墙、风机基座较为细小的部位，用人工采用少量保温材料进行直接处理，拍实。

在结构施工过程中，因设计变更等原因，造成部分管线需要重新进行埋设，在结构清理后，由水电及监理人员协调后进行，并由土建配合对有线路部分的保温层进行局部压实。

珍珠岩施工时应严格按照配合比翻拌均匀，加水适量翻拌好的珍珠岩应以手握成团、落地开花为宜。施工时分层压实，上表面采用大杠刮平。压实后的屋面不得直接推车行走和堆积重物。

3. 水泥砂浆找平层

保温层施工通过验收，养护到位，将表面的松散杂物清理干净，凸出基层表面的修平，对凸出保温层以上的管道、基座及各种出屋面的结构处理好。在找平层施工时，该部分及所有阴阳角等有损伤防水层的各种凸出物，需作局部抹灰，抹成圆弧状，其半径为150mm。施工时应注意如下几点。

① 操作前，先将基层洒水湿润，扫纯水泥浆一次，随刷随铺砂浆，使之与基层黏结牢固，无松动、空鼓、凹坑、起砂、掉灰等现象。

② 找平层表面平整光滑，其平整度用2m长直尺检查，最大空隙不超过5mm，空隙仅允许平缓变化，凹坑处应用水泥:砂:107胶=1:2.5:0.15砂浆顺平。

③ 基层与凸出屋面的结构（如女儿墙、穿板管道等相连接的阴角），应抹成均匀一致和

平整光滑的小圆角；基层与檐口、天沟、雨水口、屋脊等相连接的转角，应抹成光滑的小圆弧形，其半径控制在 100～150mm 之间，女儿墙与雨水口中心距离应在 200mm 以上。

④ 水泥砂浆找平层压实抹光凝固后，应及时洒水养护，养护时间不得少于 7d。

⑤ 在进行找平层施工时，拉线找齐，以女儿墙处的标高作为依据，并检查坡度是否满足图样设计要求。

⑥ 找平层采用水泥砂浆，厚度 20mm，配合比水泥：中砂 = 1：2.5；找坡后用木抹子抹平，铁抹子压光，待污水消失后，人踩上去有脚印但不下陷为度，再用铁抹子压第二遍光，即可交活。

⑦ 对于周围防水需要收口的部分，需对原有混凝土结构表面抹灰，防水施工时将卷材端头用喷枪烤熔，直接粘贴于外墙防水收口凹槽内。

⑧ 分格缝布置 6000mm×6000mm，宽度 20mm，采用木条分格，要求平直、通顺，在防水施工前将木条取出。

4. 保温层施工

在进行保温层施工前，将结构面层施工留下的杂物、灰尘清理干净；对出顶层的雨水斗、雨水口、透气管、雨水管等管道和风机基础进行处理，经检查合格后方可进行保温层铺设。

铺设时，基层平整度不能满足要求的局部采用干硬性砂浆做垫层，要求保温块铺设平整、稳固、拼缝严密。在铺贴过程中，雨水斗和雨水口位置处进行局部处理。保温材料的强度、密度、导热系数和含水率，必须符合设计要求和施工规范的规定。材料试验指标应有试验资料。

5. 防水层施工

SBS 改性沥青防水卷材采用热熔法施工，施工工艺流程如下：清理基层→涂刷基层处理剂→铺贴卷材附加层→铺贴卷材→热熔封边→蓄水试验→保护层施工。

细部处理方法：凸出屋面的结构连接处，铺贴在立面墙上的卷材高度不应低于屋面完成面以上 250mm。将上端收头固定于墙上，端部采用薄钢板，通过射钉固定于墙上，射钉间距为 250mm。

排水采用有组织内排水。对于雨水斗防水做法，由于该部位比较复杂，如采用有硬度的卷材，势必会影响防水的效果，为此，该部位的防水做法采用聚氨酯防水与卷材接槎。

防水卷材取样方法：以同一生产厂、同一品种、同一强度等级的产品不超过 1000 卷为一验收批。将同样的一卷卷材切除距外层卷头 2500mm 后，顺纵向切取为 500mm 的全幅卷材试样 2 块，一块作物理性能检验试件用，另一块备用。取样试验不少于五组。

底板后浇带一边伸出 1.1m，附加层 3.0mm 厚 SBS 改性沥青防水卷材，变配电室附加层采用 4.0mm 厚 SBS 改性沥青防水卷材，侧墙及顶板一边伸出 0.7m，采用 4.0mm 厚 SBS 改性沥青防水卷材。

施工完毕后，做蓄水试验。防水层蓄水试验：卷材防水层施工完毕后，经隐蔽工程验收，确认符合施工规范要求后，即可进行蓄水试验，试验时间不少于 48h。

在确认没有渗漏后方可进行防水保护层的施工及面层砖的施工，防水层闭水试验合格后方可进行防水保护层施工。

在抹砂浆前，先用加建筑胶的水泥砂浆薄刮一道，以确保砂浆层和防水层的黏结。

防水保护层，分格缝宽度为 20mm，采用木条将保护层断开。待保护层达到一定强度后，将木条去除，缝隙清理干净，用沥青油膏填满，分格缝间距布置 6000mm×6000mm。

排气道（管）设置：防止屋面防水层下气体扩散造成屋面起鼓，排气道纵横贯通，间距不大于 6m；深度为保温层厚度。

埋设在保温层中的排气管管壁四周设直径为 8mm 的通气孔，沿管长每 50mm 设置。

引出屋面的排气管采用直径 50mm 的不锈钢管，高度出屋面 500mm，管顶设防雨罩，底部做 200mm 高的挡水台，根部必须做好防水细部处理。排气管设置必须牢固、封闭严密。

引导问题 2：根据《屋面工程质量验收规范》（GB 50207—2012）的要求，哪些属于屋面及防水工程的主控项目？采用何种方法对这些主控项目进行检验？

运用知识：

屋面及防水工程的主控项目及其检验方法见表 6-10。

表 6-10　屋面及防水工程的主控项目及其检验方法

施工质量验收规范规定			检验方法
主控项目	1	卷材及配套材料质量	卷材防水层所用卷材及主要配套材料必须符合设计要求	检查出厂合格证、质量检验报告和现场抽样试验报告
	2	细部做法	卷材防水层及其转角处、变形缝、穿墙（管道）等细部做法均需符合设计要求	观察检查和检查隐蔽工程验收记录

三、审查工作方案并提出整改建议

整改建议记录：

四、进一步优化方案并确定最终工作方案

最终工作方案记录：

实践成果

1）编制填写屋面及防水工程主控项目质量验收记录表。

2）工作情境模拟操作。

屋面及防水工程一般项目允许偏差实物检测

> **知识点：**
> 1. 屋面及防水工程一般项目允许偏差。
> 2. 屋面及防水工程一般项目质量检查。
> 3. 屋面及防水工程允许偏差项目实物检测。
>
> **能力（技能）点：**
> 1. 能应用施工质量验收规范，对屋面及防水工程一般项目进行质量检查。
> 2. 操作检测工具对屋面及防水工程允许偏差项目进行实物检测，达到质量验收规范要求。

 实践目的

1）以实际应用为主，培养实际操作能力，提高动手能力。

2）通过现场具体操作训练，获得生产技能和施工方面的实际知识，掌握质量检验的主要内容并熟练使用检测工具进行屋面及防水工程质量检测。

 **实践分解任务**

1）根据建筑工程质量验收方法及验收规范进行卷材、涂膜防水工程的质量检验。

2）利用操作检测工具对屋面及防水工程允许偏差项目进行实物检测。

 实践分组

以小组为单位（6～8人为一组），在规定时间内完成以上内容。

 实践场地

实训室、机房。

实践实施过程

一、提出工作计划和方案

引导问题1：卷材防水层一般项目允许偏差实物检测的内容和检验方法有哪些？

运用知识：

1）卷材的搭接缝应黏结或焊接牢固，密封应严密，不得扭曲、皱折和翘边。

检验方法：观察检查。

2）卷材防水层的收头应与基层黏结，钉压应牢固，密封应严密。

检验方法：观察检查。

3）卷材防水层的铺贴方向应正确，卷材搭接宽度的允许偏差为 -10mm。

检验方法：观察和尺量检查。

4）屋面排汽构造的排汽道应纵横贯通，不得堵塞；排汽管应安装牢固，位置应正确，封闭应严密。

检验方法：观察检查。

引导问题2：涂膜防水层一般项目允许偏差实物检测的内容和检验方法有哪些？

运用知识：

1）涂膜防水层与基层应黏结牢固，表面应平整，涂布应均匀，不得有流淌、皱折、起泡和露胎体等缺陷。

检验方法：观察检查。

2）涂膜防水层的收头应用防水涂料多遍涂刷。

检验方法：观察检查。

3）铺贴胎体增强材料应平整顺直，搭接尺寸应准确，应排除气泡，并应与涂料黏结牢固；胎体增强材料搭接宽度的允许偏差为 -10mm。

检验方法：观察和尺量检查。

二、审查工作方案并提出整改建议

整改建议记录：

三、进一步优化方案并确定最终工作方案

最终工作方案记录：

 实践成果

1）实践作业。根据实际操作对屋面及防水工程的一般项目进行质量检测并完成实测数据表等文件。

2）工作情境模拟操作。

屋面及防水工程施工质量验收

知识点：

1. 屋面及防水工程竣工验收标准、规范。

2. 屋面及防水工程施工质量验收。

能力（技能）点：

1. 能够按照《屋面工程质量验收规范》（GB 50207—2012）填写屋面及防水工程施工记录。

2. 能够按照《屋面工程质量验收规范》（GB 50207—2012）填写屋面及防水工程施工质量验收检查表。

 实践目的

1）以实际应用为主，培养实际操作能力，提高动手能力。

2）通过现场具体操作训练，获得生产技能和施工方面的实际知识，理解并系统掌握《屋面工程质量验收规范》（GB 50207—2012）中屋面及防水工程资料的填写编制。

 实践分解任务

1）根据施工实际情况编写屋面及防水工程施工记录。

2）编制屋面及防水工程施工质量验收检查表。

 实践分组

以小组为单位（6~8人为一组），在规定时间内完成以上内容。

 实践场地

实训室、机房。

实践实施过程

一、提出工作计划和方案

引导问题1：屋面及防水工程验收合格标准是什么？

运用知识：

1）检验批质量验收合格应符合下列规定。

① 主控项目的质量应经抽查检验合格。

② 一般项目的质量应经抽查检验合格；有允许偏差值的项目，其抽查点应有80%及以

上在允许偏差范围内，且最大偏差值不得超过允许偏差值的1.5倍。

③ 应具有完整的施工操作依据和质量检查记录。

2）分项工程质量验收合格应符合下列规定。

① 分项工程所含检验批的质量均应验收合格。

② 分项工程所含检验批的质量验收记录应完整。

3）分部（子分部）工程质量验收合格应符合下列规定。

① 分部（子分部）所含分项工程的质量均应验收合格。

② 质量控制资料应完整。

③ 安全与功能抽样检验应符合《建筑工程施工质量验收统一标准》（GB 50300—2013）的有关规定。

④ 观感质量检查应符合要求。

4）屋面工程观感质量检查应符合下列要求。

① 卷材铺贴方向应正确，搭接缝应黏结或焊接牢固，搭接宽度应符合设计要求，表面应平整，不得有扭曲、皱折和翘边等缺陷。

② 涂膜防水层黏结应牢固，表面应平整，涂刷应均匀，不得有流淌、起泡和露胎体等缺陷。

③ 嵌填的密封材料应与接缝两侧黏结牢固，表面应平滑，缝边应顺直，不得有气泡、开裂和剥离等缺陷。

④ 檐口、檐沟、天沟、女儿墙、山墙、雨水口、变形缝和伸出屋面管道等防水构造，应符合设计要求。

引导问题2：屋面及防水工程验收前，应提供的文件和记录有哪些？

运用知识：

屋面工程验收资料和记录应符合表6-11和表6-12的规定。

表6-11 屋面工程验收的文件和记录

序号	项目	文件和记录
1	防水设计	设计图样及会审记录、设计变更通知单和材料代用核定单
2	施工方案	施工方法、技术措施、质量保证措施
3	技术交底记录	施工操作要求及注意事项
4	材料质量证明文件	出厂合格证、出厂检验报告、进场验收记录和进场检验报告
5	施工日志	逐日施工情况
6	工程检验记录	工序交接检验记录、检验批质量验收记录、隐蔽工程验收记录、淋水或蓄水试验记录、观感质量检查记录、安全与功能抽样检验（检测）记录
7	其他技术资料	事故处理报告、技术总结

2048

表 6-12　屋面及防水工程施工日志范例

施工日志		编号		001
	天气状况	风力	最高/最低温度	备注
白天	晴			
夜间				

生产情况记录：（施工部位、施工内容、机械作业、班组工作、生产存在问题等）

施工部位：A 包外墙 OSB 板墙面加固。

施工内容：使用电钻将自攻钉穿过 OSB 板墙面，固定在钢结构龙骨上，纵向、横向布钉距离 350mm，××班组 16 人参加施工作业。

生产存在问题：高空作业，作业面窄小，钢结构龙骨上电钻钻孔工作强度大。

技术质量安全工作记录：（技术质量安全活动、检查评定验收、技术质量安全问题等）

自攻钉紧固，全部垫有 φ30mm 平垫、纵向、横向布钉距离 350mm。OSB 板固定牢固。没有松动现象，质量合格

记录人	×××	日期		星期	

本表由施工单位填写并留存。

屋面及防水工程施工日志填写说明

本表填写当日屋面及防水工程施工的部位、施工内容、施工进度、作业动态、隐蔽工程验收、材料进出场情况、取样情况、设计变更、技术经济签证情况、交底情况、质量及安全施工情况、材料检验及试验情况、上级或政府有无来现场检查施工生产情况、劳动力安排情况等。

二、审查工作方案并提出整改建议

整改建议记录：

三、进一步优化方案并确定最终工作方案

最终工作方案记录：

实践成果

1）实践作业。根据施工实际情况编写屋面及防水工程施工记录（表6-13），编制屋面及防水工程施工质量验收记录（表6-14和表6-15）。

2）工作情境模拟操作。

表6-13 屋面及防水工程施工日志

日期		星期			平均气温		
施工部位			出勤人数	操作负责人			
施工内容							

工长			记录员	

表6-14 卷材防水层检验批质量验收记录

单位（子单位）工程名称			分部（子分部）工程名称		建筑屋面分部－防水与密封子分部	分项工程名称		卷材防水层分项
施工单位			项目负责人			检验批容量		
分包单位			分包单位项目负责人			检验批部位		
施工依据		《屋面工程技术规范》（GB 50345—2012）			验收依据		《屋面工程质量验收规范》（GB 50207—2012）	
验收项目			设计要求及规范规定		最小/实际抽样数量	检查记录		检查结果
主控项目	1	防水卷材及配套材料的质量	设计要求		全/	符合设计要求		合格
	2	防水层	不得有渗漏或积水现象		全/	符合设计要求		合格
	3	卷材防水层的防水构造	设计要求		3/	符合设计要求		合格

（续）

	验收项目		设计要求及规范规定	最小/实际抽样数量	检查记录	检查结果
一般项目	1	搭接缝牢固，密封严密，不得扭曲等	第6.2.13条	3/	表面有翘边	不合格
	2	卷材防水层收头	第6.2.14条	3/	符合设计要求	合格
	3	卷材搭接宽度	允许偏差 -10mm	3/	110mm，120mm，98mm，100mm，99mm	合格
	4	屋面排汽构造	第6.2.16条	/		

施工单位检查结果	专业工长： 项目专业质量检查员： 年 月 日
监理单位验收结论	专业监理工程师： 年 月 日

表 6-15 涂膜防水层检验批质量验收记录

单位（子单位）工程名称			分部（子分部）工程名称	建筑屋面分部 -防水与密封子分部	分项工程名称	涂膜防水层分项
施工单位			项目负责人		检验批容量	
分包单位			分包单位项目负责人		检验批部位	1
施工依据		《屋面工程技术规范》（GB 50345—2012）		验收依据	《屋面工程质量验收规范》（GB 50207—2012）	

	验收项目		设计要求及规范规定	最小/实际抽样数量	检查记录	检查结果
主控项目	1	材料质量	设计要求	全/	符合设计要求	合格
	2	防水层	不得有渗漏或积水现象	全/	符合设计要求	合格
	3	涂膜防水层的防水构造	设计要求	3/	符合设计要求	合格
	4	涂膜防水层的厚度	第6.3.7条	3/	符合设计要求	合格

（续）

	验收项目		设计要求及 规范规定	最小/实际 抽样数量	检查记录	检查 结果
一般 项目	1	防水层与基层应黏结牢 固，表面无缺陷	第6.3.8条	3/	符合设计要求	合格
	2	涂膜防水层的收头	第6.3.9条	3/	符合设计要求	合格
	3	胎体增强材料铺贴	第6.3.10条	3/	符合设计要求	合格
	4	胎体增强材料搭接宽度	−10mm	3/3	偏差 −5mm， 2mm，4mm	合格

施工单位 检查结果	专业工长： 项目专业质量检查员： 年　月　日
监理单位 验收结论	专业监理工程师： 年　月　日

学习情境七　装饰装修工程

案例导入

1）某工程原地面标高为 16.69～21.20m，地势呈西高东低。

2）工程总用地面积为 271712.5m²，设计总建筑面积约 83 万 m²，总计容面积 59.76 万 m²。共计 37 栋住宅楼，包含 19 层、20 层、21 层、22 层、23 层五种建筑高度，标准层高 2.9m；户型种类共计 A、B、C 三种，均为框架结构。

3）地上由 1～37 号楼（共有三种户型 5048 套，最高建筑为 23 层，建筑高度达 70.5m）及临街商业裙房、社区中心、物业用房、幼儿园及场区道路组成，工程设整体地下室。

4）内墙面砖工程所在住宅楼位于 E 区 28 号楼。该区共计 10 栋住宅楼及 2 栋社区物业用房、2 栋商铺，地上共 19 层。

5）吊顶装饰装修工程所在幼儿园位于 E 区住宅楼 14 号楼，幼儿园建筑面积为 680m²。该区共计 10 栋住宅楼及 2 栋社区物业用房、2 栋商铺、一个幼儿园，地上共 19 层。仅有幼儿园卫生间使用了集成吊顶，其他空间均未吊顶。

典型任务 装饰装修工程施工技术交底记录

知识点：
1. 装饰装修工程施工注意事项。
2. 装饰装修工程隐蔽验收记录。
3. 装饰装修工程施工技术交底。

能力（技能）点：
1. 能按照指定施工任务编制装饰装修工程隐蔽验收记录。
2. 能按照指定施工任务编制装饰装修工程施工技术交底记录表。

实践目的

1）以实际应用为主，培养实际操作能力，提高动手能力。
2）掌握内墙面砖粘贴工程的工艺流程和技术要点。
3）通过现场具体操作训练，掌握内墙面砖工程交底的内容及验收的内容。

实践分解任务

1）熟读不同墙面装饰构造施工图，绘制不同装饰面层构造详图。
2）填写内墙面砖工程技术交底及隐蔽工程验收资料。

实践分组

以小组为单位（4~5人为一组），在规定时间内完成以上内容。

实践场地

实训室。

实践实施过程

一、提出工作计划和方案

引导问题1：内墙面砖工程交底内容有哪些？

运用知识：

1. 材料要求

① 水泥：32.5或42.5级普通硅酸盐水泥，应有出厂证明和复试合格证明，当出厂超过三个月时按试验结果使用。

② 砂：粗砂或中砂，使用前要过筛子。

③ 墙面砖：按设计图样要求的规格备料。板块不得有隐伤、风化等缺陷。不宜用褪色的材料包装。

④ 其他材料：石灰膏、界面剂等。

2. 主要机具

磅秤、铁板、半截大桶、小水桶、铁簸箕、平锹、手推车、胶皮碗、喷壶、操作支架、铁制水平尺、方尺、靠尺板、底尺、托线板、线坠、粉线包、高凳、木楔子、裁改墙砖用砂轮、开刀、灰板和铅皮（1mm厚）、木抹子、铁抹子、细钢丝刷、扫帚、大小锤子、小白线、铅丝、擦布或棉丝、老虎钳子、小铲、盒尺、钉子、红铅笔、毛刷、工具袋等。

3. 作业条件

1）结构经验收合格，水、电、通风、设备安装等应提前完成，并准备好加工饰面板所需的水源、电源等。

2）内墙面弹好50cm水平线。

3）脚手架或吊篮提前支搭好，选用双排架子，其横竖杆及拉杆等应离开门窗口角150~200mm。架子的步高要符合施工要求。

4）有门窗套的必须把门框、窗框立好。同时要用1:8水泥砂浆将缝隙堵塞严实。铝合金门窗框边缝所用嵌缝材料应符合设计要求，且塞堵密实，事先粘贴好保护膜。

5）墙砖进场后应堆放于室内，下垫方木，核对数量、规格，并预铺、配花、编号，以备正式铺贴时按号取用。

6）大面积施工前应先放出施工大样，并做样板，经质检部门鉴定合格后方可按样板工艺操作施工。

7）对进场的石料应进行验收，颜色不均匀时应进行挑选，必要时进行试拼编号。

4. 操作工艺

工艺流程：基层处理→吊垂直、套方、找规矩、贴灰饼→抹底层砂浆→弹线分格→排块材→水浸块材→镶贴块材→块材表面擦缝。

1）同一墙面不得有一排以上的非整砖，并应将其镶贴在较隐蔽的部位。

2）在基层湿润的情况下，先刷界面剂素水泥浆一道（内掺水重 10% 的界面剂），随刷随打底，底灰采用 1:3 水泥砂浆，厚度约 12mm，分两遍操作，第一遍约 5mm，第二遍约 7mm。待底灰压实刮平后，将底灰表面划毛。

3）待底灰凝固后便可进行分块弹线，随即将已湿润的块材抹上厚度为 2～3mm 的素水泥浆，内掺水重 20% 的界面剂进行镶贴。用木锤轻敲，用靠尺找平找直。

5. 质量标准

（1）保证项目

1）饰面板品种、规格、颜色、图案，必须符合设计要求和有关标准规定。

2）饰面板安装（镶贴）严禁空鼓，必须牢固，无歪斜、缺棱掉角和裂缝等缺陷。

（2）基本项目

1）表面应平整、洁净，颜色协调一致。

2）接缝应填嵌密实、平直，宽窄一致，颜色一致，阴阳角处板的压向正确，非整板的使用部位适宜。

3）套制应用整块套割吻合、边缘整齐。

6. 成品保护

1）墙砖粘贴完后，应对所有面层的阳角及时用木板保护，同时要及时擦干净残留在门窗框、扇的砂浆。特别是铝合金门窗框、扇，事先应粘贴好保护膜，以防被污染。

2）饰面板层在凝结前应防止快干、暴晒、水冲、撞击和振动。

3）拆架子时注意不要碰撞墙面。

7. 应注意的质量问题

1）面砖排砖不正确。解决办法如下。

① 从顶板（吊顶面）往下排，防止顶部出现 20～30mm 的破砖；如顶部是整砖，下部出现 20～50mm 破砖时，应把顶部面砖裁小一些，使上、下两部位均为两个大半砖。

② 门窗口及阳角处须以整砖镶贴，破砖位置应放在阴角或门窗洞口中间部位。如果阴角处及门窗洞口中间部位的破砖大于 1/3 面砖宽度，可以镶贴；如果小于 1/3 面砖宽度，应镶贴两块相等的大半砖。

2）面砖套割尺寸过大、不吻合及出现破砖。解决办法如下。

① 镶贴时，应确定管道及支、托架大概位置，在镶贴到管道支、托架位置时，预留上、下或左、右两块面砖。

② 根据投影到两块面砖的竖缝或水平缝的位置确定管道支、托架位置，在安装管道支（托）架后，按照支（托）架的厚度，从上下或左右方向量出与面砖边缘的距离，最后按此尺寸套割面砖补贴。

3）镶贴瓷砖应事先挑选，凡外形歪斜、缺角、脱边、翘曲和裂缝的均不得使用。颜色和规格不一的应分别存放。

4）注意事先预排，使得砖缝分配均匀，遇到凸出的管线、支架等部位应用整砖套割吻合，不能用破砖凑合。

5）为了防止空鼓和脱落，墙面基层必须清理干净，泼水润湿。瓷砖使用前，必须清洗干净，用水浸泡时间不少于 2h，然后取出，待表面晾干后方可镶贴。必要时在水泥砂浆中掺入水泥重量 3%～5% 的 108 胶或众霸胶，使黏结的砂浆和易性和保水性较好，并有一点缓凝作用，不但增加黏结力，而且可以减少黏结层的厚度，易于保证镶贴质量。

6）卫生间（浴厕间）要求设置防水层时，注意严格控制施工质量。材料必须要有出厂合格证和试验证明。在楼地面有防水要求的房间内，四周墙面上的防水层要高出楼地面以上300mm。墙面防水高度不低于1.8m。

7）对大模板结构，电开关盒在开洞时一定要注意和砖缝的配合，在规范允许范围内调整在对称位置上。

8）卫生器具在墙面固定一定要按图集选用，以免在使用过程中和排砖不相称。

9）吊顶标高和排砖要配合起来。

引导问题2：内墙面砖铺贴工程交底和隐蔽验收记录应如何填写？

运用知识：内墙面砖铺贴工程交底记录见表7-1。

表7-1　内墙面砖铺贴工程交底记录

工程名称		×××小区E区28号楼	施工单位	×××
工程编号		×××	交底部位	内墙面砖铺贴工程
交底提要		本次内墙面砖施工交底部位为28号楼地上部分		
交底内容	工程概况	本工程所在住宅楼位于E区28号楼，该区共计10栋住宅楼及2栋社区物业用房、2栋商铺，地上共19层		
	施工准备	1）结构经验收合格，水、电、通风、设备安装等应提前完成，并准备好加工饰面板所需的水源、电源等。 2）内墙面弹好50cm水平线。 3）脚手架或吊篮提前支搭好，选用双排架子，其横竖杆及拉杆等应离开门窗口角150～200mm。架子的步高要符合施工要求。 4）有门窗套的必须把门窗、窗框立好，同时要用1∶8水泥砂浆将缝隙堵塞严实。铝合金门窗框边缝所用嵌缝材料应符合设计要求，且塞堵密实；事先粘贴好保护膜。 5）墙砖进场后应堆放于室内，下垫方木，核对数量、规格，并预铺、配花、编号，以备正式铺贴时按号取用。 6）大面积施工前应先放出施工大样，并做样板，经质检部门鉴定合格后方可按样板工艺操作施工。 7）对进场的石料应进行验收，颜色不均匀时应进行挑选，必要时进行试拼编号		
	工艺流程	基层处理→吊垂直、套方、找规矩、贴灰饼→抹底层砂浆→弹线分格→排块材→水浸块材→镶贴块材→块材表面擦缝		
	操作工艺	1）基层处理和吊垂直、套方、找规矩。要注意同一墙面不得有一排以上的非整砖，并应将其镶贴在较隐蔽的部位。 2）在基层湿润的情况下，先刷界面剂素水泥浆一道（内掺水重10%的界面剂），随刷随打底，底灰采用1∶3水泥砂浆，厚度约12mm，分两遍操作，第一遍约5mm，第二遍约7mm。待底灰压实刮平后，将底子灰表面划毛。 3）待底子灰凝固后便可进行分块弹线，随即将已湿润的块材抹上厚度为2～3mm的素水泥浆，内掺水重20%的界面剂进行镶贴，用木锤轻敲，用靠尺找平找直		
	各层明细	每层的铺贴位置相同		
	质量标准	1. 保证项目 1）饰面板品种、规格、颜色、图案，必须符合设计要求和有关标准规定。 2）饰面板安装（镶贴）严禁空鼓，必须牢固，无歪斜、缺棱掉角和裂缝等缺陷。 2. 基本项目 （1）表面　平整、洁净、颜色协调一致。 （2）接缝　填嵌密实、平直，宽窄一致，颜色一致，阴阳角处板的压向正确，非整板的便用部位适宜。 （3）套制　用整块套割吻合、边缘整齐		

（续）

交底内容	注意事项	1）面砖排砖不正确时，解决办法如下： ① 从顶板（吊顶面）往下排，防止顶部出现 20～30mm 的破砖；如顶部是整砖，下部出现 20～50mm 破砖时，应把顶部面砖裁小一些，使上、下两部位均为两个大半砖。 ② 门窗口及阳角处必须以整砖镶贴，破砖位置应放在阴角或门窗洞口中间部位。如果阴角处及门窗洞口中间部位的破砖大于 1/3 面砖宽度，可以镶贴；如果小于 1/3 面砖宽度，应镶贴两块相等的大半砖。 2）面砖套割尺寸过大、不吻合及出现破砖时，解决办法如下： ① 镶贴时，应确定管道及支、托架大概位置，在镶贴到管道支托架位置时，预留上、下或左、右两块面砖。 ② 根据投影到两块面砖的竖缝或水平缝的位置确定管道支、托架位置，在安装管道支、托架后，按照支、托架的厚度，从上、下或左、右方向量出距面砖边缘的距离，最后按此尺寸套割面砖补贴。 3）镶贴瓷砖应事先挑选，凡外形歪斜、缺角、脱边、翘曲和裂缝的均不得使用。颜色和规格不一的应分别存放。 4）注意事先预排，使得砖缝分配均匀，遇到凸出的管线、支架等部位应用整砖套割吻合，不能用破砖凑合。 5）为了防止空鼓和脱落，墙面基层必须清理干净，泼水润湿。瓷砖使用前，必须清洗干净，用水浸泡时间不少于 2h，然后取出，待表面晾干后方可镶贴。必要时在水泥砂浆中掺入水泥重量 3%～5% 的 108 胶或众霸胶，使黏结的砂浆和易性和保水性较好，并有一点缓凝作用，不但增加黏结力，而且可以减少黏结层的厚度，易于保证镶贴质量。 6）卫生间（浴厕间）要求设置防水层时，注意严格控制施工质量。材料必须要有出厂合格证和试验证明；在楼地面有防水要求的房间内，四周墙面上的防水层要高出楼地面以上 300mm。墙面防水不低于 1.8m。 7）大模板结构，电开关盒在开洞时一定要注意和砖缝的配合，在规范允许范围内调整在对称位置上。 8）卫生器具在墙面固定一定要按图集选用，以免在使用过程中出现和排砖不相称的现象。 9）吊顶标高和排砖要配合起来
交底人签字	×××	×××	×××
技术负责人：××× ×××年××月××日	施工员：××× ×××年××月××日		班组负责人：××× ×××年××月××日

内墙面砖铺贴工程隐蔽验收记录见表 7-2。

表 7-2　内墙面砖铺贴工程隐蔽验收记录

装饰装修工程名称	×××小区 E 区 28 号楼		项目经理	×××
分项工程名称	墙地砖工程		专业工长	×××
隐蔽工程项目	内墙饰面砖粘贴			
施工单位	×××××			
施工标准名称及代号	《建筑装饰装修工程质量验收标准》（GB 50210—2018）			
施工图名称及编号	××××××			
隐蔽工程部位	质量要求		施工单位自查记录	监理单位验收记录

（续）

28 号楼地上部分	饰面砖的品种、规格、图案、颜色和性能符合要求	符合要求	符合要求
	饰面砖工程的找平、防水、粘贴、勾缝符合设计要求和技术标准	符合要求	符合要求
	满粘贴施工的饰面砖无空鼓、裂缝	符合要求	符合要求
	饰面砖粘贴牢固	符合要求	符合要求
施工单位自查结论	经过自检符合设计要求和相关规范。 　　施工单位项目技术负责人：×××　　　　×年×月×日		
监理单位验收结论	符合要求。 　　监理工程师（建设单位项目负责人）：×××　　　×年×月×日		

二、审查工作方案并提出整改建议

整改建议记录：

三、进一步优化方案并确定最终工作方案

最终工作方案记录：

 实践成果

1）实践作业。

① 依据工程实例完成绘制不同节点内墙面砖铺贴构造详图。

② 填写内墙面砖工程技术交底记录（表 7-3）及隐蔽工程验收资料表格（表 7-4）。

2）工作情境模拟操作。

表 7-3 内墙面砖工程技术交底记录表

工程名称		施工单位	
工程编号		交底部位	
交底提要			
交底内容	工程概况		
	施工准备		
	工艺流程		
	操作工艺		
	各层明细		
	质量标准		
	注意事项		
交底人签字			

技术负责人：	施工员：	班组负责人：
年 月 日	年 月 日	年 月 日

表 7-4 内墙面砖隐蔽工程验收记录表

装饰装修工程名称		项目经理	
分项工程名称		专业工长	
隐蔽工程项目			
施工单位			
施工标准名称及代号			
施工图名称及编号			

隐蔽工程部位	质量要求	施工单位自查记录	监理单位验收记录

施工单位自查结论	施工单位项目技术负责人： 年 月 日
监理单位验收结论	监理工程师（建设单位项目负责人）： 年 月 日

典型任务 2　装饰装修工程施工进度计划编制

知识点：
1. 装饰装修工程施工人力、施工机械、运输的选择和配备。
2. 装饰装修工程施工工期管理措施。
3. 装饰装修工程施工进度计划。

能力（技能）点：
1. 能够根据施工交底协调施工机械、人力、运输进行装饰装修工程施工。
2. 能够按照已知工程量编制装饰装修工程施工进度计划。

实践目的

1）掌握装饰装修工程施工人力、施工机械、运输的选择和配备。
2）掌握装饰装修工程施工工期管理措施。
3）掌握装饰装修工程施工进度计划编制方法。

实践分解任务

1）根据施工交底协调施工机械、人力、运输进行装饰装修工程施工。
2）按照已知工程量编制装饰装修工程施工进度计划。

实践分组

以小组为单位（4~5人为一组），在规定时间内完成以上内容。

实践场地

实训室。

实践实施过程

一、提出工作计划和方案

引导问题1：如何协调装饰施工用机械、人力、运输？

运用知识：

1. 施工机械设备配备原则

根据项目工程特点和工点分布，按照"机械化作业、工厂化生产、人性化施工"的原则组织施工。主要机械设备要重点选择能够满足安全、质量和环保要求，且节能环保、技术先进、性价比高、操作简易的设备。

（1）设备配置适应当地地质条件和施工环境条件　配置的设备适应当地的气候条件，并满足复杂地质条件要求。

（2）设备配置适应工程规模 设备配置与工程规模适应，能在工期要求的范围内完成工程内容。

（3）设备配置适应施工方案 以施工方案为前提成套配置机械设备，形成各专业多条机械化作业线。

（4）设备配置适应施工管理 设备配置充分体现施工方管理水平，确保施工机械的相互匹配和充分发挥施工效率。

项目所需的机械设备可考虑调配、租赁、购买的综合方式。该项目的吊顶工程主要施工机具配备见表7-5。

表7-5 吊顶工程主要施工机具一览表

序号	机械、设备名称	规格、型号	定额功率或容量	数量	性能
1	电圆锯	5008B	1.41kW	1	良好
2	角磨机	9523NB	1.54kW	1	良好
3	电锤	TE－15	0.65kW	2	良好
4	电动自动螺钉	FD－788HV	0.5kW	3	良好
5	手电钻	JIZ－ZD－10A	0.43kW	1	良好
6	射钉枪	SDT－A301		4	良好
7	电焊机	BX－120	0.28kW	1	良好
8	砂轮切割机	JIG－SDG－350	1.25kW	1	良好
9	拉铆枪			2	良好
10	铝合金靠尺	2m		3	良好
11	水平尺	600mm		4	良好
12	扳手	活动扳手或六角扳手		8	良好
13	铅丝	$\phi 0.4 \sim \phi 0.8$		100m	良好
14	粉线包			1	良好
15	墨斗			1	良好
16	小白线			100m	良好
17	开刀			10	良好
18	卷尺	5m		8	良好
19	方尺	300mm		4	良好
20	线锤	0.5kg		4	良好
21	托线板	2mm		2	良好
22	胶钳			3	良好

（5）施工机械设备保证措施 物资设备部设机械管理员负责本项目施工机械设备的管理和保障工作。各施工队设专职机械设备维修人员，负责设备维护保养。

根据本项目工程内容和采用的施工工艺、方法，合理储备一定数量的常用配件，保证及时维修保养和恢复使用，确保完好率和使用率。

现场设机械停放场，集中管理，提高工作效率。

各施工队专人负责对设备进行维修保养，保证设备正常使用及工作性能。

加强对设备操作人员和维修保养人员的培训。严格遵守施工机械设备操作规程和安全手册管理规定，严禁违章指挥和违章作业。

制订完善的施工机械设备安全管理规章制度及防护措施，认真检查设备的事故隐患。

2. 装饰施工人力组织、配置计划

（1）劳动力投入计划 项目根据本工程的特点、施工区段的划分及施工进度计划，合理投入劳动力，及时组织劳动力进场，实行动态调配。劳动力投入遵循"分工合作、集中管理"的原则，管理层由项目部承担，执行层由各作业队承担，实行"一级管理、两级运作"的模式，分别配备相应的专业施工队伍进行施工，以确保施工生产的需要。

（2）劳动力配备规划

1）劳动力调配遵循"结构合理、文化程度和技能级别高、专业性强、经验丰富"的原则，队伍进场后，首先进行安全生产教育，然后进行技能培训和分项工程技术交底，并进行专项考核，合格后方可上岗作业；对特殊工种人员，还要求有建设局颁发的专业上岗证书。

2）根据本工程的工程内容及平面布置等特点，合理分配劳动力。本工程的工程量主要集中在地上主体结构的装饰施工，施工过程中将按照工程量大致相等的原则，分区分段施工，确保施工进度。

（3）劳动力投入计划表 根据本次的投标整体部署，本工程施工计划分为几个施工段同时进行施工。为确保施工进度，大量投入各类专业施工队伍进行施工，各施工队下设班组。随着工程的进展和情况变化，各队人员实行弹性编制，动态管理。

以吊顶分项工程为例，劳动力和管理组织的配置情况如下。

1）吊顶工程施工现场组织机构图可参考图 7-1。

2）吊顶工程装饰施工人员配置情况可参考表 7-6。

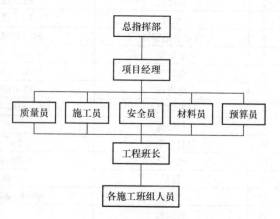

图 7-1 吊顶工程施工现场组织机构图

表 7-6 吊顶工程装饰施工人员配置表

序号	职位	数量	联系电话
1	装饰工	40	
2	水电工	5	
3	泥瓦工	10	
4	木工	30	
5	漆工	10	
6	清洁工	5	
7	搬运工	5	
8	专业产品安装工	20	

3. 装饰装修工程的物流运输组织安排

（1）物资供应计划编制依据及原则 物资供应计划是落实材料货源、签订供应合同、确定运输方式、编制运输计划、组织进场等的依据。

根据工程量清单及施工图样，依据定额消耗量计算本工程所需的原材料、构件、半成品、设备用量。依据施工进度计划安排，本着"合理组织、满足施工、减少库存"的原则，并考虑可能延误供货、雨季汛期及节假日的影响，编制物资供应计划。物资供应计划要依据施工进度计划进行动态调整。

（2）物流组织安排 物流运输管理目标是：通过各部门齐心协力，建立"统一管理、统一采购、统一储备、统一结算"的物资采购供应管理体制，追求物资采购性价比最优和总成本最低，确保物资质量和物流畅通，为项目的正常进行提供物资保障。

项目经理部成立由项目经理任组长、物资设备部部长任副组长的物流组织管理领导小组，各职能部门协调，负责整个项目的物流计划、物资运输、场内调转及存储。

物流管理组织机构如图 7-2 所示。

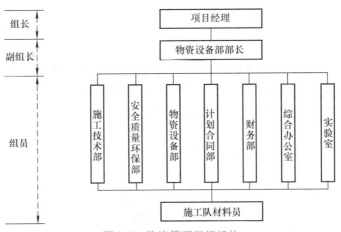

图 7-2 物流管理组织机构

物流由物资设备部统一组织管理，实行计划、采购、质检、合同审核、货款支付等环节相互监督的分段管理模式。

项目经理部在进场后，积极进行物资招标，本着"公平、公开、公正、竞争"的原则确定物资供应商，确保采购过程有序竞争、过程公开、行为规范，符合国家法律法规。避免指定和变相指定供应商。

项目经理部所属各施工队根据工程需要，及时准确编制物资需求计划，准确描述物资名称、规格、数量、技术标准、质量要求、交货时间等要素，保证合理的采购周期。计划经过内审后报项目经理部。其中年度需求计划提前 60 天上报，季度需求计划提前 30 天上报，月度需求计划提前 15 天上报。长周期关键物资设备根据合理的生产制造周期进行上报。物资需求计划提交物资设备部并由财务部备案。

据主要材料供应计划，供应商从合格材料供应商名册中选择，采购前将不少于三家厂商名单报请建设单位考察确认，采购时报请建设单位和监理单位进行价格比选或认质认价。采购程序为：材料计划申请→材料选样→建设单位、监理单位样品确认→进场报验→现场使用。

项目经理部物资设备部负责与监理工程师共同验收，项目经理部负责装卸、点验、入库、存储等工作。

根据本项目特点、交通情况及工期目标，大宗物资优先考虑直接运送到施工现场，同时储备材料，然后根据施工需要用配发物资。

对装饰施工需求的主材，在施工准备阶段提出规格、品种、数量、供货时间及质量要求等，编制招标文件，进行招标采购。选择质优价廉且满足设计要求的供应商，签订供应及运输合同，由供应商运输到工地。

对于临时急需物资，可根据现场使用情况进行内部调转。工程所需的其他周转材料，可采用租赁与购买相结合的方式。

（3）材料供应保证措施　为保证物资及时按规格型号供应到位，采取以下保证措施。

1）设立物资设备部，专职从事物资的调查、采购、运输、库存及监控、检查工作，并签订好供货合同，保证施工所需。建立严格的物资采购程序和物资人员管理制度。

2）根据进度计划及施工安排，做好物资供应计划，由总工程师复核，主要物资提前组织，分批次进场。

3）设立专项资金用于物资的采购工作，确保物资供应，任何个人或部门不得擅自挪用专项资金。

4）每月按物资采购计划及早筹备资金，大宗物资提前20天购买，保证按期到货。特殊物资的采购考虑充足的时间提前量，并加强与物资供应商的联系，确保正常供应。

5）特殊季节及节假日应制订完善的采购计划，确保有足够的库存和进货，确保不出现停工待料的现象。

6）每年年初编报甲供物资设备的申请计划，报送发包人审批。按照施工进度计划，每月月中向供应商提供下月物资需求计划，以便及时按计划进行供应。

7）加强管理工作，制订切实可行的物资管理制度。管理人员及时与施工队取得联系，及时掌握施工现场用料情况，保证物资发放的渠道畅通。

8）协助施工队人员做好物资计划，提前采购，及时供应。减少物资存储时间，以便资金的有效流通，减少采购资金压力。

9）严把物资质量关，杜绝因质量问题造成的返工、退料、待料现象。

10）制订考核奖惩制度，并落实到位。供应商也纳入考核范围，充分调动各方积极性，保障物资供应。

（4）材料质量控制措施

1）材料采购须制订采购计划。采购计划按技术部门提出的施工总进度计划、施工图样和技术要求及质量要求制订，采购前报监理工程师审批签认。

2）采购过程中，充分调查了解市场情况，做到货比三家，选择具有相应资质和供应能力的供货商，确保工程材料的质量。所有设备物资采取合适的搬运、贮存方法，使产品能按合同要求，圆满交付到目的地。

3）严格质量控制，加强试验、检测，严禁不合格材料进场，确保进场材料的质量，同时加强材料管理，严格按施工工艺要求使用材料，做到合理使用、物尽其用。

4）选派廉洁有经验的专业人员组成稳定的两级物资设备管理机构，物资采购供应实行质量责任制。严格审查物资、设备供应商资质，把好进货和验收质量关，收货时对物资进行严格的质量检查验收，按规定存放，拒绝接收不符合要求的物资。

5）材料送至工地后，严格按照国家材料储存标准和当地实际情况进行存放，避免材料质量变质或等级降低。

6）现场技术、试验人员把好材料关，杜绝不合格材料用于实体工程中。

引导问题2：装饰装修工程施工进度计划应如何编制？

运用知识：装饰装修工程施工进度计划实例见表7-7。

表 7-7　装饰装修工程施工进度计划表

工程名称：得荣信用社办公楼装修工程

编号：

总工期/d

序号	项目名称	人员数量	工期/d	1 3 5 7 9 11 13 15 17 19 21 23 25 27 29 31 33 35 37 39 41 43 45 47 49 51 53 55 57 59 61 63 65 67 69 71 73 75 77 79 81 83 85 87 89 91 93 95 97 99 101 103 105 107 109 111 113 115 117 119 120	备注
1	施工准备、临时设施	3	2		
2	图样会审、技术交底、现场交底	4	2		
3	原结构拆除、砌墙、构造柱	8	32		
4	墙面抹灰	6	12		
5	顶棚龙骨基层施工	6	12		
6	水电工程布管穿线施工	8	41		
7	顶棚饰面板面层施工	10	12		
8	喷（刷、滚）乳胶漆	8	14		
9	灯具、开关、插座安装	6	20		
10	地面地砖施工	8	24		
11	成品门安装	6	18		
12	扶手安装	4	18		
13	厨房、卫生间防水	6	24		
14	厨房、卫生间地砖施工	8	20		
15	厨房、卫生间贴墙砖	8	20		
16	厨房、卫生间吊顶	8	20		
17	其他板材吊顶施工、封板	8	20		
18	背景墙、柜子基层制作	8	18		
19	成品饰面板安装	6	20		
20	墙纸软包工程施工	12	14		
21	厨房、卫生间台面人造石安装	12	20		
22	洁具五金安装	6	20		
23	铝合金门安装	6	10		
24	给排水试验及维修	6	20		
25	水电调试	3	12		
26	各工种修正完善	3	14		
27	保洁工作	3	12		
28	交验准备	0	4		

注：总工期为120个日历天，预计××年××月××日开工至××年××月××日竣工。本工期为暂定工期，具体开工时间以施工单位开工报告为准。如因甲方设计变更方案问题拖延、其他施工协作单位（如弱电）原因或停水、停电、雨雪天气及人力不可抗拒的因素，则工期相应顺延。

二、审查工作方案并提出整改建议

整改建议记录：

三、进一步优化方案并确定最终工作方案

最终工作方案记录：

 实践成果

1）实践作业。填写装饰装修工程施工进度计划表（表7-8）。

2）工作情境模拟操作。

表7-8　装饰装修工程施工进度计划表

序号	项目	总工期/d								
		1～10	11～20	21～30	31～40	41～50	51～60	61～70	71～80	81～90
1	施工准备									
2	图样会审									
3	结构改动									
4	抹灰工程									
5	水电改造									
6	吊顶工程									
7	乳胶漆工程									
8	灯具开关									
9	地面工程									
10	门窗工程									
11	五金配件									
12	成品饰面板									
13	墙面工程									
14	卫生洁具									
15	水电调试									
16	修正完善									
17	保洁									
18	交验准备									

填表须知：

总工期为　　天，预计　年　月　日开工，至　年　月　日竣工验收。

本工期为暂定工期，具体开工时间以施工单位开工报告为准；如遇停电、雨雪天气、甲方变更设计或其他施工协作单位拖延以及人力不可抗拒因素，则工期应相应顺延。

装饰装修工程施工工艺及主控项目质量检查

知识点：

1. 装饰装修工程施工工艺。

2. 装饰装修工程施工工艺标准。

3. 装饰装修工程主控项目质量检查。

能力（技能）点：

1. 能够监督装饰装修工程施工工艺流程，确保其符合工艺标准。

2. 能应用施工质量验收规范对装饰装修工程主控项目进行质量检查，达到质量验收规范要求。

实践目的

1）掌握装饰装修工程施工工艺。

2）掌握装饰装修工程施工工艺标准。

3）掌握装饰装修工程主控项目质量检查方法。

实践分解任务

1）监督吊顶装饰装修工程施工工艺流程，确保其符合工艺标准。

2）应用施工质量验收规范对吊顶装饰装修工程主控项目进行质量检查，使其满足质量验收规范要求。

实践分组

以小组为单位（4~5人为一组），在规定时间内完成以上内容。

实践场地

实训室。

实践实施过程

一、提出工作计划和方案

引导问题1：金属龙骨纸面石膏板吊顶施工工艺有哪些？

运用知识：

1. 工艺流程

测量放线→固定吊杆→安装边龙骨→安装主龙骨→安装次龙骨、撑挡龙骨→安装饰面板→安装压条、收口条。

2. 操作方法

（1）测量放线

1）按标高控制水准线在房间内每个墙（柱）上返出高程控制点（墙体较长时，控制点宜每隔 3~5m 设一点），然后用粉线沿墙（柱）弹出吊顶标高控制线。

2）按吊顶龙骨排列图，在顶板上弹出主龙骨的位置线和嵌入式设备外形尺寸线。主龙骨间距一般为 900~1000mm 均匀布置，排列时应尽量避开嵌入式设备，并在主龙骨的位置线上用十字线标出固定吊杆的位置。吊杆间距应为 900~1000mm，距主龙骨端头应不大于 300mm，均匀布置。若遇较大设备或通风管道，吊杆间距大于 1200mm 时，宜采用型钢扁担来满足吊杆间距。

（2）固定吊杆　通常用冷拔钢筋或盘圆钢筋做吊杆。使用盘圆钢筋时，应用机械先将其拉直，然后按吊顶所需的吊杆长度下料。断好的钢筋一端焊接∟30×30×3 角码（角码另一边打孔，其孔径按固定吊杆的膨胀螺栓直径确定），另一端套出长度大于 100mm 的螺纹（也可用全丝螺杆做吊杆）。

不上人吊顶，吊杆长度小于或等于 1000mm 时，直径宜不小于 $\phi 6$；吊杆长度大于 1000mm 时，直径宜不小于 $\phi 8$。上人的吊顶，吊杆长度小于或等于 1000mm 时，直径应不小于 $\phi 8$；吊杆长度大于 1000mm，直径应不小于 $\phi 10$。吊型钢扁担的吊杆，当扁担承担 2 根以上吊杆时，直径应适当增加 1~2 级。当吊杆长度大于 1500mm 时，还必须设置反向支撑杆。制作好的金属吊杆应做防腐处理。

吊杆用冲击电锤打孔后，用膨胀螺栓固定到楼板上。吊杆应通直并有足够的承载力。在埋件上安装吊杆和吊杆接长时，宜采用焊接并连接牢固。主龙骨端部的吊杆应使主龙骨悬挑长度不大于 300mm，否则应增加吊杆。

吊顶上的灯具、风口及检修口和其他设备，应设独立吊杆安装，不得固定在龙骨吊杆上。

（3）安装边龙骨　边龙骨应按大样图的要求和弹好的吊顶标高控制线进行安装。安装时在边龙骨的靠墙侧涂刷胶粘剂后，用水泥钉或螺钉固定在已预埋好的木砖上（木砖需经防腐处理）。固定在混凝土墙（柱）上时，可直接用水泥钉固定。固定点间距应不大于吊顶次龙骨的间距，一般为 300~600mm，以防止发生变形。

（4）安装主龙骨

1）主龙骨通常分不上人 UC38 和上人 UC50 两种，安装时应采用专用吊挂件和吊杆连接，吊杆中心应在主龙骨中心线上。主龙骨安装间距一般为 900~1000mm，一般宜沿平行房间长向布置。主龙骨端部悬挑应不大于 300mm，否则应增加吊杆。主龙骨接长时应采取专用连接件，每段主龙骨的吊挂点不得少于 2 处，相邻两根主龙骨的接头要相互错开，不得放在同一吊杆档内。木质主龙骨安装时，将预埋钢筋端头弯成圆钩，穿 8 号镀锌铁丝与主龙骨绑牢或用 $\phi 6$、$\phi 8$ 吊杆先将木龙骨钻孔，再将吊杆穿入木龙骨锁紧固定。

2）吊顶跨度大于 15m 时，应在主龙骨上，每隔 15m 垂直主龙骨加装一道大龙骨，连接牢固。

3）有较大造型的顶棚，造型部分应形成自己的框架，用吊杆直接与顶板进行吊挂连接。

4）重型灯具、吊扇及其他专业设备严禁直接安装在吊顶龙骨上。

5）主龙骨安装完成后，应对其进行一次调平，并注意调好起拱度。

（5）安装次龙骨、撑挡龙骨　金属次龙骨用专用连接件与主龙骨固定。次龙骨必须对接，不得有搭接。一般次龙骨间距不大于600mm。潮湿或重要场所，次龙骨间距宜为300～400mm。次龙骨的靠墙一端应放在边龙骨的水平翼缘上。次龙骨需接长时，应使用专用连接件进行连接固定。每段次龙骨与主龙骨的固定点不得少于2处，相邻两根次龙骨的接头要相互错开，不得放在两根主龙骨的同一档内。次龙骨安装完后，若饰面板在次龙骨下面安装，还应安装撑挡龙骨，通常撑挡龙骨间距不大于1000mm。最后调整次龙骨，使其间距均匀、平整一致，并在墙上标出次龙骨中心位置线，以防安装饰面板时找不到次龙骨。

木质主、次龙骨间宜采用小吊杆连接，小吊杆钉在龙骨侧面时，相邻吊杆不得钉在龙骨的同一侧，必须相互错开。次龙骨接头应相互错开，采用双面夹板用圆钉错位钉牢，接头两侧最少各钉两个钉子。木质龙骨安装完后，必须进行防腐、防火处理。

各种洞口周围应设附加龙骨和吊杆，附加龙骨用拉铆钉连接固定到主、次龙骨上。

次龙骨安装完后应拉通线进行一次整体调平、调直，并注意调好起拱度。起拱高度按设计要求；设计无要求时一般为房间跨度的3‰～5‰。

（6）安装饰面板　饰面板通常采用石膏板、纤维水泥加压板、矿棉板、胶合板、铝塑板、格栅或各种金属扣板等。吊顶上面四周未封闭时，不宜进行饰面板安装，以防止风压、潮湿等使龙骨或饰面板损坏变形。

1）骨架为金属龙骨时，一般用沉头自攻钉螺钉固定饰面板。采用木龙骨做骨架时，一般用木螺钉固定饰面板；饰面板为胶合板时，可用圆钉直接固定。金属饰面板按产品说明书的规定，用专用吊挂连接件、插接件固定。当饰面板采用复合粘贴法安装时，胶粘剂必须符合环保要求，在未完全固化前，不得受到强烈振动。用自攻螺钉安装饰面板时，饰面板接缝处的龙骨宽度应不小于40mm。若设计要求有吸声填充物，在安装饰面板前，应先安装吸声材料，并按设计要求进行固定；设计无要求时，可用金属或尼龙网固定，其固定点间距宜不大于次龙骨间距。饰面板上的各种灯具、烟感探头、喷淋头、风口等的布置应合理、美观，与饰面板交接处应吻合、严密。

2）矿棉板安装。矿棉板安装可采用螺钉固定和直接将板插、卡到次龙骨上两种形式。无论采用哪种形式，均应注意板背面的箭头方向和白线方向必须保持一致，以保证表面花样、颜色、图案的整体性。自攻螺钉固定时，与板边距离宜不小于10mm，钉距宜不大于300mm，螺钉应与板面垂直，不得有弯曲、变形现象。自攻螺钉帽宜低于板面1mm左右，钉帽应做防锈处理后用专用腻子补平。

3）石膏板安装。石膏板材应在自由状态下安装固定。每块板均应从中间向四周呈放射状固定，不得从四周多点同时进行固定，以防出现弯棱、凸鼓的现象。通常整块石膏板的长边应沿次龙骨铺设方向安装。自攻螺钉距板的未切割边为 10～15mm，距切割边为 15～20mm。板周边钉间距为 150～170mm，板中钉间距不大于 250mm。钉应与板面垂直，不得有弯曲、倾斜、变形现象，钉发生弯曲、倾斜、变形时，应在相隔50mm的部位重新安装自攻螺钉。自攻螺钉头宜略低于板面，但不得损坏纸面。钉帽应做防锈处理后用石膏腻子抹平。

石膏板的接缝宜选用厂家配套的腻子按设计要求进行处理。拌制腻子时，必须用清水和洁净容器。双层石膏板安装时，两层板的接缝不得放在同一根龙骨上，应相互错开。

4）格栅安装。格栅安装通常采用 U 形 CB38×12 轻钢龙骨，用⊈6 钢筋吊杆固定，龙骨双向中心距应不大于1500mm。龙骨安好后找平。格栅有三角形、圆形、方形等，方形格栅方格尺寸一般为 75～200mm，用专用件吊挂到龙骨上。格栅吊挂点间距应根据设计确定，一般应不大于1000mm。

5）铝塑板安装。通常采用单面铝塑板，根据设计要求的尺寸和形状进行下料，下料时应留出胶缝。安装时用胶粘剂粘贴到底板上。底板根据设计要求选择，一般采用人造木板。

6）石膏板安装。用胶粘剂粘贴铝塑板，应注意将胶涂布均匀，板面保护纸上的方向箭头应一致，粘贴时采取临时固定措施，挤出的胶粘剂应及时擦净。待胶粘剂凝结牢固后，打嵌缝胶，竣工前再撕去面层保护纸，清理板面。

7）金属（条、方）板安装。金属板吊顶的龙骨应与板配套，龙骨一般直接吊挂，也可以采用主、次龙骨形式。有主龙骨时，主、次龙骨的间距均应不大于1000mm。直接吊挂时，次龙骨的间距也应不大于1000mm。金属板安装一般为直接扣、卡到龙骨上或用专用挂件固定到龙骨上。安装金属板时，板面不得有划伤和变形，应保证板缝均匀顺直，板面平整一致。

（7）安装压条或收口条的饰面板吊顶与四周墙面的交界部位，应按设计要求或采用与饰面板材质相适应的收边条、阴角线或收口条收边。收边用石膏线时，必须在四周墙（柱）上预埋木砖，再用螺钉固定，固定螺钉间距宜不大于600mm。其他轻质收边、收口条可用胶粘剂粘贴，但必须保证安装牢固可靠、平整顺直。

雨期安装矿棉板、石膏板等饰面板时，作业环境湿度应控制在70%以下。雨期各种吊顶材料的运输、搬运、存放，均应采取防雨、防潮措施，以防止发生霉变、生锈、变形等现象。

引导问题2：吊顶装饰装修工程质量检查主控项目有哪些？

运用知识：

1）吊顶标高、尺寸、起拱和造型应符合设计要求。

2）材质、品种、规格、图案和颜色应符合设计要求。

3）吊顶的吊杆、龙骨和饰面材料的安装方法正确，安装必须牢固。

4）吊杆、龙骨的材质、规格、安装间距及连接方式应符合设计要求。

轻钢龙骨纸面石膏板顶棚主控项目质量检查表实例见表7-9。

表 7-9　轻钢龙骨纸面石膏板顶棚主控项目质量检查表实例

工程名称	××小区幼儿园	分项工程	吊顶
施工单位	×××××	验收部位	×层
质量验收规定		施工单位自检	施工单位验收记录
主控项目 1	标高、尺寸、起拱、造型要求	符合要求	符合要求
主控项目 2	饰面材料要求	材质品种规格符合要求	符合要求
主控项目 3	安装牢固	符合要求	符合要求
主控项目 4	吊杆龙骨要求	符合要求	符合要求
主控项目 5	石膏板接缝要求	符合要求	符合要求
设计员审查	符合要求。 签字：×× 　×年×月×日		
项目专业负责人签字	符合要求。 签字：×× 　×年×月×日		
建设单位检查结果评定	符合要求。 签字：×× 　×年×月×日		

二、审查工作方案并提出整改建议

整改建议记录：

三、进一步优化方案并确定最终工作方案

最终工作方案记录：

实践成果

1）实践作业。

① 依据工艺流程监督吊顶工程施工。

② 依据顶棚允许偏差项目（表7-10）检查工程质量，填写轻钢龙骨纸面石膏板顶棚主控项目质量检查表（表7-11）。

2）工作情境模拟操作。

表7-10　顶棚允许偏差

项次	项类	项目	允许偏差/mm			检验方法
			埃特板	防潮板	石膏板	
1	龙骨	间距	2	2	2	尺量检查
2		平直	3	3	3	尺量检查
3		起拱高度	±10	±10	±10	拉线检查
4		四周水平	±5	±5	±5	尺量或水准仪检查
5	面板	表面平整	2	2	2	用2m靠尺检查
6		接缝平直	3	3	3	拉5m线检查
7		接缝高低差	1	1	1	用直尺或塞尺检查
8		顶棚四周水平	±5	±5	±5	拉线或用水准仪检查

表7-11　轻钢龙骨纸面石膏板顶棚主控项目质量检查表

工程名称				分项工程	
施工单位				验收部位	
质量验收规定				施工单位自检	施工单位验收记录
主控项目	1	标高、尺寸、起拱、造型要求			
	2	饰面材料要求			
	3	安装牢固			
	4	吊杆龙骨要求			
	5	石膏板接缝要求			
设计员审查				签字：　　　年　月　日	
项目专业负责人签字				签字：　　　年　月　日	
建设单位检查结果评定				签字：　　　年　月　日	

装饰装修工程一般项目允许偏差实物检测

知识点：

1. 装饰装修工程一般项目允许偏差。

2. 装饰装修工程一般项目质量检查。

3. 装饰装修工程允许偏差项目实物检测。

能力（技能）点：

1. 能应用施工质量验收规范，对装饰装修工程一般项目进行质量检查。

2. 操作检测工具对装饰装修工程允许偏差项目进行实物检测，达到质量验收规范要求。

 实践目的

1）掌握装饰装修工程一般项目允许偏差。

2）掌握装饰装修工程一般项目质量检验方法。

3）掌握装饰装修工程允许偏差项目实物检测方法。

 实践分解任务

1）应用施工质量验收规范，对该吊顶工程一般项目进行质量检查。

2）操作检测工具对该吊顶工程允许偏差项目进行实物检测，使其符合质量验收规范要求。

 实践分组

以小组为单位（4~5人为一组），在规定时间内完成以上内容。

 实践场地

实训室。

实践实施过程

一、提出工作计划和方案

引导问题1：金属龙骨吊顶工程有哪些质量检测要点和方法？

运用知识：

1. 材料关键要求

1）按设计要求可选用龙骨及配件和罩面板，材料品种、规格、质量应符合设计要求。

2）吊顶工程中的预埋件、钢筋吊杆和型钢吊杆应进行防锈处理。

2. 技术关键要求

弹线必须准确，经复验后方可进行下道工序。安装龙骨应平直牢固，龙骨间距和起拱高度应在允许范围内。

3. 质量关键要求

1）吊顶龙骨必须牢固、平整，利用吊杆或吊筋螺栓调整拱度。安装龙骨时应严格按放线的水平标准线和规方线组装周边骨架。受力节点应装订严密、牢固，保证龙骨的整体刚度。龙骨的尺寸应符合设计要求，纵横拱度均匀，互相适应。吊顶龙骨严禁有硬弯；如有硬弯，必须调直再进行固定。

2）吊顶面层必须平整，施工前应弹线，中间按平线起拱。长龙骨的接长应采用对接；相邻龙骨接头要错开，避免主龙骨向边倾斜。龙骨安装完毕，应经检查合格后再安装饰面板。吊件必须安装牢固，严禁松动变形。龙骨分格的几何尺寸必须符合设计要求和饰面板块的模数。饰面板的品种、规格符合设计要求，外观质量必须符合材料技术标准。

3）大于 3kg 的重型灯具、电扇及其他重型设备严禁安装在吊顶工程的龙骨上。

4. 安全要求

1）在使用电动工具时，用电应符合《施工现场临时用电安全技术规范》（JGJ 46—2005）的规定。

2）在高空作业时，脚手架搭设应符合《北京市建筑工程施工安全操作规程》（DBJ 01-62—2002）的规定。

3）施工过程中，为防止粉尘污染，应采取相应的防护措施。

4）电、气焊的特殊工种，应注意施工人员的安全，劳动保护设备应配备齐全。

5. 环境关键要求

1）施工过程应符合《民用建筑工程室内环境污染控制标准》（GB 50325—2020）。

2）在施工过程中应防止噪声污染，在施工场界噪声敏感区域宜选择使用低噪声的设备，或采取其他降低噪声的措施。

引导问题 2：金属骨架吊顶工程一般项目质量检查要点有哪些？

运用知识：

1）安装误差。

① 安装单元网格定位尺寸误差为 ±1mm。

② 完工后的顶棚在每 1000mm 长度内，水平度误差应为 ±2mm。

③ 在开始进行安装前，检查所有现场尺寸。

④ 详细设计应能容纳所有公差，以及实际现场尺寸与设计尺寸之间的差距。

⑤ 金属条板之间的对接头要一致并对齐，通过支撑系统被夹在一起。如果垫圈要安装在接头中，其宽度与已经就位的垫圈的宽度之差不得超过 10%。

⑥ 吊顶条板间凸起或平面偏移量不得超过 0.5mm，横跨任何顶棚时不能累积。

⑦ 任何安装误差 10m 长度内不超过 1.5mm。

⑧ 在规定的公差内安装方正，直线、水平和平面规则。吊架顶部固定时，不得使用卡盘；吊架进行底部固定时，不能使用铆钉。

2）饰面材料表面应洁净、色泽一致，不得有翘曲、裂缝及缺损。

3）饰面上的灯具、烟感器、喷淋头、检查口等设备的位置应合理、美观。

轻钢龙骨吊顶工程一般项目允许偏差实物质量检查表实例见表7-12。

表7-12　轻钢龙骨吊顶工程一般项目允许偏差实物质量检查表实例

工程名称			××幼儿园卫生间		分项工程	顶棚工程
施工单位			××××		验收部位	×层
		质量验收规定			施工单位自检	施工单位验收记录
一般项目	1	表面质量			美观合理，符合要求	符合要求
	2	饰面板上设备安装			美观，交接严密	符合要求
	3	吊杆、龙骨要求			平整顺直，符合要求	符合要求
	4	允许偏差/mm	表面平整度	纸面石膏板	3		
				金属板	2	1.3	1.3
				矿棉板	2		
	5		接缝直线度	纸面石膏板	3		
				金属板	1.5	1.2	1.2
				矿棉板	3		
	6		接缝高低差	纸面石膏板	1		
				金属板	1	0.5	0.6
				矿棉板	1.5		
设计员审查		符合要求。 签字：×××　　×年×月×日				
项目专业负责人签字		符合要求。 签字：×××　　×年×月×日				
建设单位检查结果评定		符合要求。 签字：×××　　×年×月×日				

二、审查工作方案并提出整改建议

整改建议记录：

三、进一步优化方案并确定最终工作方案

最终工作方案记录：

 实践成果

1）实践作业。

① 依据吊顶工程一般项目质量控制要求检查工程质量（表7-13）。

② 用检测工具对该工程进行实物检测。

2）工作情境模拟操作。

表7-13　轻钢龙骨吊顶工程一般项目允许偏差实物质量检查表

工程名称						分项工程	
施工单位						验收部位	
质量验收规定						施工单位自检	施工单位验收记录
一般项目	1	表面质量					
	2	饰面板上设备安装					
	3	吊杆、龙骨要求					
	4	允许偏差/mm	表面平整度	纸面石膏板	3		
				金属板	2		
				矿棉板	2		
	5		接缝直线度	纸面石膏板	3		
				金属板	1.5		
				矿棉板	3		
	6		接缝高低差	纸面石膏板	1		
				金属板	1		
				矿棉板	1.5		
设计员审查		签字：　　年　月　日					
项目专业负责人签字		签字：　　年　月　日					
建设单位检查结果评定		签字：　　年　月　日					

装饰装修工程施工质量验收

知识点：

1. 装饰装修工程竣工验收标准、规范。

2. 装饰装修工程施工质量验收。

能力（技能）点：

1. 能够按照《建筑装饰装修工程质量验收标准》（GB 50210—2018）填写装饰装修工程施工记录。

2. 能够按照《建筑装饰装修工程质量验收标准》（GB 50210—2018）填写装饰装修工程施工质量验收检查表。

 实践目的

1）掌握装饰装修工程竣工验收标准、规范。

2）掌握装饰装修工程施工质量验收方法。

 实践分解任务

1）按照《建筑装饰装修工程质量验收标准》（GB 50210—2018）填写装饰装修工程施工记录。

2）按照《建筑装饰装修工程质量验收标准》（GB 50210—2018）填写装饰装修工程施工质量验收检查表。

 实践分组

以小组为单位（4~5人为一组），在规定时间内完成以上内容。

 实践场地

实训室。

实践实施过程

一、提出工作计划和方案

引导问题1：顶棚装修工程竣工验收标准是什么？

运用知识：

1）吊顶工程验收时应检查下列文件和记录。

① 吊顶工程的施工图、设计说明及其他设计文件。

② 材料的产品合格证书、性能检测报告、进场验收记录和复验报告。

③ 隐蔽工程验收记录。

④ 施工记录。

2）吊顶工程应对人造板的甲醛含量进行复验。

3）吊顶工程应对下列隐蔽工程项目进行验收。

① 吊顶内管道、设备的安装及水管试压。

② 木龙骨防火、防腐处理。

③ 预埋件或拉结筋。

④ 吊杆安装。

⑤ 龙骨安装。

⑥ 填充材料的设置。

4）各分项工程的检验批应按下列规定划分：同一品种的吊顶工程，每50间（大面积房间和走廊按吊顶面积30m² 为一间），应划分为一个检验批，不足50间也应划分为一个检验批。

5）检查数量应符合下列规定：每个检验批应至少抽查10%，并不得少于3间；不足3间时应全数检查。

6）安装龙骨前，洞口标高和吊顶内管道的标高进行交接检验。木龙骨和木饰面板必须进行防水处理并应符合有关设计规范。

7）吊顶工程的木吊杆应满足防火规范的规定。

8）吊顶工程中的预埋件、钢筋吊杆应进行防腐处理。

9）安装饰面板前应完成吊顶内管道和设备的调试及验收。吊杆与主龙骨端部间的距离不得大于300mm；当大于300mm时，应增加吊杆。当吊杆长度大于1.5m时应设置反支撑。当吊杆与设备相遇时，应调整并增设吊杆。

10）重型灯具、电扇及其他重型设备严禁安装于吊顶工程的龙骨上。

11）暗龙骨吊顶工程。

① 饰面材料的材质、品种、规格、图案和颜色应符合设计要求。

检验方法：观察，检查产品合格证书、性能检测报告、进场验收记录和复验报告。

② 暗龙骨吊顶的吊杆，龙骨和饰面材料的安装必须牢固。

检验方法：观察，手板检查，检查隐蔽工程验收记录和施工记录。

③ 吊杆、龙骨的材质、规格、安装间距及连接方式应符合设计要求。金属吊杆龙骨应经过表面处理，木吊杆木龙骨应进行防腐、防火处理。

检验方法：观察，尺量检查，检查产品合格证书、性能检测报告、进场验收记录和隐蔽工程验收记录。

④ 石膏板的接缝应按其施工工艺标准进行板缝防裂处理。安装双层石膏板时，面层板与基层板的接缝应错开，并不得在同一根龙骨上接缝。

引导问题2：吊顶工程竣工验收记录应如何填写？

运用知识：以暗龙骨吊顶工程为例，其竣工验收记录见表7-14。

表7-14 暗龙骨吊顶工程竣工验收记录

工程名称	×××小区幼儿园		分项工程	吊顶
施工单位	××××		验收部位	×层
施工执行标准名称及编号	《建筑装饰装修工程质量验收标准》（GB 50210—2018）		专业工长	
分包单位		分包项目经理	施工班组长	

（续）

质量验收规定				施工单位自检	施工单位验收记录
主控项目	1	标高、尺寸、起拱、造型		符合要求	符合要求
	2	饰面材料要求		符合要求	符合要求
	3	安装牢固		符合要求	符合要求
	4	吊杆、龙骨		符合要求	符合要求
	5	石膏板接缝要求		符合要求	符合要求
一般项目	1	表面质量		表面美观平整，符合要求	符合要求
	2	饰面板上设备安装		设备安装整齐，接口符合要求	符合要求
	3	吊杆、龙骨要求		吊杆顺直，龙骨平整	符合要求
	4	允许偏差/mm	表面平整度 纸面石膏板 3		
			表面平整度 金属板 2	1.5 1.4 0.8 1.1 1.2 1.3 1.4 1.5 1.7 1.8	
			表面平整度 矿棉板 2		
	5		接缝直线度 纸面石膏板 3		
			接缝直线度 金属板 1.5	1.2 1.1 0.8 0.7 0.5 1.3 1.1 0.7 1.1 1.3	
			接缝直线度 矿棉板 3		
	6		接缝高低差 纸面石膏板 1		
			接缝高低差 金属板 1	0.4 0.5 0.8 0.4 0.5 0.2 0.3 0.5 0.5 0.9	
			接缝高低差 矿棉板 1.5		

设计员审查	符合要求。 　　　　　　　　　　　　签字：×××　　　×年　×月　×日
项目专业负责人签字	符合要求。 　　　　　　　　　　　　签字：×××　　　×年　×月　×日
建设单位检查结果评定	符合要求。 　　　　　　　　　　　　签字：×××　　　×年　×月　×日

二、审查工作方案并提出整改建议

整改建议记录：

三、进一步优化方案并确定最终工作方案

最终工作方案记录：

 实践成果

1）实践作业。

① 学习建筑装饰工程竣工技术文件材料包含的内容（表7-15）。

② 填写装饰装修工程施工质量验收检查表（表7-16和表7-17）。

2）工作情境模拟操作。

表 7-15　建筑装饰工程竣工技术文件材料目录

工程名称		
序号	资料名称	页数
1	合同，补充协议	
2	工程开工报告	
3	工程竣工报告	
4	工程竣工验收通知书	
5	工程竣工验收意见书	
6	工程质量竣工验收记录	
7	工程质量控制核查表	
8	分项工程质量验收记录	
9	工程检查批质量验收记录	
10	装饰分部质量验收记录	
11	隐蔽验收记录	
12	给排水分部质量验收记录	
13	建筑电气分部质量验收记录	
14	安全和功能检验资料核查表	
15	安全和功能检验资料	

表 7-16　吊顶分项工程质量验收记录表

工程名称		结构类型		检验批次	
施工单位		项目经理		项目负责人	
分包单位		分包单位负责人		分包项目经理	
序号	检验批部位、区段	施工单位检查评定结果		监理（建设）单位验收结论	
1	室内吊顶工程				
2					
3					
4					
5					
6					
7					
8					
9					
10					
检查结论	施工项目专业技术负责人： 年　　月　　日		验收结论	监理工程师： 年　　月　　日	

表 7-17　轻钢龙骨吊顶工程施工质量验收检查表

工程名称				分项工程	
施工单位				验收部位	
施工执行标准名称及编号				专业工长	
分包单位		分包项目经理		施工班组长	
质量验收规定			施工单位自检	单位验收记录	
主控项目	1	标高、尺寸、起拱、造型			
	2	饰面材料要求			
	3	安装牢固			
	4	吊杆、龙骨			
	5	石膏板接缝要求			

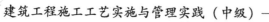

建筑工程施工工艺实施与管理实践（中级）

（续）

质量验收规定					施工单位自检									单位验收记录													
	1	表面质量																									
	2	饰面板上设备安装																									
	3	吊杆、龙骨要求																									
一般项目	4	允许偏差/mm	表面平整度	纸面石膏板	3																						
				金属板	2																						
				矿棉板	2																						
	5		接缝直线度	纸面石膏板	3																						
				金属板	1.5																						
				矿棉板	3																						
	6		接缝高低差	纸面石膏板	1																						
				金属板	1																						
				矿棉板	1.5																						

设计员审查	
	签字：　　　　年　　月　　日

项目专业负责人签字	
	签字：　　　　年　　月　　日

建设单位检查结果评定	
	签字：　　　　年　　月　　日

232